JN306670

植物のあっぱれな生き方／目次

イラスト・図版　美創

第一章
ひと花咲かせる日を夢見て

（二）動きまわらないのには、裏がある

「植物は動きまわる必要がない」は負け惜しみ？

植物たちの生き方の特徴は、「動きまわらない」ことです。そのため、動物と植物を比較して、「動物は動きまわることができるけれども、植物は動きまわることができない」といわれます。「動きまわることができる動物の方が、動きまわることのできない植物たちよりも、生き物としてすぐれている」との思いが潜んでいそうな表現です。

しかし、植物たちは「自分は、動きまわることができない」と思っていないでしょう。植物たちは、「自分は、『動きまわることができない』のではなく、『動きまわる必要がない』のだ」と思っているはずです。

このようにいうと、反論を受けることがあります。「そんなことをいっても、植物たちは、手も足もなく、根を土の中に生やしているのだから、動きまわりたくても、動きまわることはできない。だから、『動きまわる必要がない』というのは、植物たちの負け惜しみだ」というものです。

ところが、植物たちの「『動きまわることができない』のではなく、『動きまわる必要がな

い』のだ」という言い分は、意外と、わかりやすく吟味、検証することができます。なぜなら、動物は意味もなくウロウロと動きまわるのではないからです。

動物が動きまわる理由を考え、それぞれの局面で、植物たちがどのように対処しているかを考えればよいのです。そうすれば、植物たちが「動きまわることができない」ために、卑屈で不自由な生活を強いられているのか、あるいは、ほんとうに「動きまわる必要がない」のかが見えてくるはずです。

それぞれの動物には、生きている環境や季節などに応じて、動きまわらなければならない理由がいろいろあるでしょう。しかし、生き物として、動物が動きまわる理由は、大きく三つに分けられます。

誰にでも同意される一番目の理由は、「食べ物を探し求めて」動きまわることです。すべての生物は、生命活動を営むためにエネルギーが必要です。そのエネルギーを得るために、食べ物が必要です。そのため、動物は食べ物を探し求めてウロウロと動きまわります。

二番目の理由は、「子どもを残すために、生殖の相手を探し求めて」です。多くの動物はオスとメスがからだを合体させることにより、子どもをつくります。だから、合体するための相手が必要です。そのために、動物は相手を探し求めてウロウロと動きまわるのです。私たち人間の場合も、このために動きまわり、その活動に多くの時間を費やします。

三番目の理由は、「自分のからだを守り、次の世代へ命をつないでいくため」です。そのために、動物が動きまわる局面はいろいろあります。たとえば、動物は、冬の寒さや夏の暑さをしのぐために、過ごしやすい場所を求めて、移動します。ハクチョウが、冬に寒さのきびしいシベリアから日本に来るのも、ブリが、夏には北海道のあたりまで北上し、冬には南下するのもその例です。

また、動物は水を飲みたくなれば、水を求めて動きます。何かに襲われるような身の危険を感じたら、安全なところへ逃避します。太陽の強い光が照りつけたときには、それを避けて、日陰に移動することもあります。次の世代に命をつないでいくために、自分たちが健康でなければならないからです。

以上のように、動物が動きまわる理由は、主に三つに集約できます。これらのそれぞれについて、「植物たちは、動きまわる必要がないのか」を吟味、検証しましょう。まず、ここでは一番目の理由である「食べ物を探し求めて」について考えます。

必要な栄養分は自分でつくる

動物はエネルギーを得るための食べ物を探し求めて、動きまわります。植物たちが生命を維持し成長するためにも、エネルギーは必要です。しかし、ハエトリソウなどの食虫植物のような特別の場合を除いて、植物たちがエネルギーを得るために、何かを食べる姿を見かけることはありません。それでも、植物たちはすくすく育ちます。

動物がすくすく育つために何かを食べねばならないことは、昔の人も知っていました。だから、昔の人は、「植物がすくすく育つためにも、何かを食べなければならない。きっと土の中に隠れた根で何かを食べている」と考えました。そして、長い間、そのように信じられてきました。

歴史の途上で、「植物は、根で何を食べているのか」を調べた人もいました。しかし、食べているものは見つかりませんでした。見つかるはずがありません。植物たちは、私たち人間が食べているようなものを食べていないからです。

現在では、「植物が、なぜ、何も食べずにすくすく成長できるのか」という疑問に対する答えは、明らかになっています。植物たちは、根から吸った水と、空気中の二酸化炭素を使って、太陽の光で「ブドウ糖」と「デンプン」という物質をつくっています。この反応は、「光合成」といわれます。つくられるデンプンは、私たち人間が主食にしているコメやムギ、トウモロコシの主な成分です。デンプンは、ブドウ糖が結合して並んだ物質です。このブドウ糖こそが、直接、エネルギーの源になる物質なのです。

私たちは、デンプンを食べて、ブドウ糖を取り出し、エネルギー源として使っています。

「デンプンを消化する」ということは、胃や腸で食べ物を消化する過程で、ブドウ糖が連なってできているデンプンを切って、ブドウ糖を取り出すことなのです。

植物たちは、ブドウ糖を水と二酸化炭素からつくりますが、そのとき、光のエネルギーを使います。その結果、ブドウ糖の中に、光から得たエネルギーが取り込まれ、蓄《たくわ》えられます。私たち動物は、摂取《せっしゅ》したブドウ糖をからだの中で分解します。その途上で、ブドウ糖の中に蓄えられていたエネルギーが放出されます。そのエネルギーは、私たちが歩いたり走ったりするときに使われます。また、成長したり、からだを維持したりする物質をつくるためのエネルギーになります。

結局、動物がウロウロと動きまわる理由の一つは、「食べ物を探し求めるため」ですが、植物たちは、エネルギーの源となるブドウ糖やデンプンを自分でつくっているために動きまわる必要がありません。植物たちは、食べ物を探し求めて動きまわらなければならない動物を見て、「動物はウロウロと動きまわって食べ物を探さなければ生きていけない、かわいそうな生き物だ」と思っているでしょう。

植物たちは、自分に必要な食べ物は、自分でつくるという〝あっぱれ〟な生き方をしているのです。

石橋をたたいて渡るタネたち

植物たちは、光合成という反応をすることで、エネルギーの源となる物質を自分でつくります。ですから、食べ物を探し求めて動きまわる必要がありません。しかし、もしタネが光合成のできない「場所」や「季節」に発芽してしまったら、発芽したばかりの芽生《めば》えは、光合成をしてエネルギーの源となる物質をつくることができないので、枯死《こし》します。

植物たちが食べ物を求めて動きまわらなくてもよいのは、芽生えが光合成をできるように、タネが「場所」と「季節」を選んで発芽するからです。そのために、タネは発芽する「場所」と「季節」を知るためのしくみを身につけていなければなりません。

春になると、多くの種類の植物たちのタネが発芽します。野やあぜ道に、多種多様な雑草が芽を出してきます。だから、「冬の間、寒くて発芽できなかったタネが、春になって温度が高くなり、暖かい陽気に誘われて発芽してきた」との印象を受けます。しかし、タネの発芽は、「暖かくなればおこる」という、気楽なものではありません。

タネが発芽するために、大切な条件が三つあります。「発芽の三条件」といわれるものです。春に暖かくなって発芽してくる植物のタネは、冬の寒さの中に置かれていると、いつまでも発芽しません。また、暖かい部屋で発芽させることができるタネでも、冷蔵庫のような低い温度の中では、発芽させることはできません。ですから、発芽のために必要な条件の一つは「適切な温度」であることは、よく理解されます。

二つ目の発芽の条件は、「水」です。タネは、花が咲いたあとにつくられるのですが、成熟するにつれて、乾燥した状態になります。だから、きちんと結実《けつじつ》した多くの植物のタネは、乾燥しています。乾燥したタネは、そのままでは発芽せず、水を吸収しなければなりません。ですから、タネが発芽するためには、水が与えられなければなりません。

三つ目の条件は、「空気」です。タネが発芽するには、空気が必要です。なぜなら、タネは私たちと同じように呼吸をしているからです。呼吸にほんとうに必要なのは、空気の中に含まれる酸素です。ですから、発芽の条件として、「空気」と書かれることもありますが、「空気（酸素）」と記述されることもあります。

小学校で、発芽の三条件とは「適切な温度、水、空気（酸素）」と教えられます。理科の教科書には、これを確認するための発芽の実験が紹介されています。ダイズやインゲンマメなどを使って、この三つの条件のどれか一つが欠けても、発芽がおこらないことが示され、三つの条件がととのえば、実際にタネが発芽することが確認されています。

そのため、「適度に暖かく、発芽に使える水があり、呼吸もできるという条件がそろえば、多くの植物のタネは発芽する」と思われがちです。しかし、実際には、そうではありません。多くの植物のタネは、発芽の三条件がそろったからといって、うかつに発芽しないのです。

なぜなら、発芽の三条件の中には、「光が当たること」という条件が入っていないからです。もし、光の当たらない場所でタネが発芽すれば、発芽した芽生えがどんな運命をたどるかは、容易に想像がつきます。

発芽後の芽生えは、しばらくの間、タネの中に貯蔵されていた養分に依存して成長できます。しかし、その後、芽生えは光合成をして、ブドウ糖やデンプンをつくらねばなりません。発芽した芽生えは、「光が当たらないから」といって、光の当たる場所へ移動することはできません。もしそのまま光に出会えなければ、光合成ができず、自分で栄養分をつくり出すことができません。その芽生えは、やがて枯れてしまいます。

そのため、多くのタネは、発芽の三条件がそろっているだけでなく、光の当たる場所を選んで発芽します。小学校の理科の教科書で発芽の実験に使われるダイズやインゲンマメなどのように、人間に栽培される植物は、真っ暗の中で発芽してもいいかもしれません。そのまま枯れてしまうと困る人たちが、光の当たる場所に移動させてくれるからです。

ところが、自然の中を自分で生きていかねばならない植物は、発芽の三条件以外に、発芽後も成長できるかどうかを見きわめねばなりません。少なくとも、光が当たっているかいないかを、発芽の際に自分で見きわめる必要があります。そのためには、光を感じる物質を身につけていなければなりません。

私たち人間は、目の中に、光を感じる「ロドプシン」という物質をもっています。日本語では、「視紅《しこう》」といわれます。私たちはこの物質で、光が当たっている明るい場所であるかどうかを認識できます。

植物のタネも、光が当たっているのかいないのかを感じるための物質をもっています。「フィトクロム」とよばれる物質です。植物たちのタネは、この物質で自分に光が当たっている明るい場所であるかどうかを見きわめるのです。

フィトクロムが光を感じると、発芽が促《うなが》されます。多くの植物のタネは、フィトクロムをもっており、「光が当たらないと発芽せず、光が当たると発芽する」という用心深い性質を身につけています。植物たちは、発芽の三条件がそろった上で、さらに、光合成ができる場所であるかを確認して発芽するという、「石橋をたたいて渡る」ような慎重な性質を身につけているのです。

石橋をたたいても渡らないタネたち

発芽の三条件とは「適切な温度、水、空気（酸素）」です。これらの三条件をととのえ、さらに光が当たるようにすれば、多くの植物のタネは発芽するでしょうか。実は、それでも発芽しない植物のタネは多くあります。「石橋をたたいても渡らない」という慎重さを身につけたタネです。秋に結実する植物たちのタネが、この性質をもっています。

発芽の三条件も光もあるのに、「何が不満で発芽してこないのか」と不思議に思われるかもしれませんが、理由は明白です。秋に発芽すれば、すぐにやって来る冬の寒さで枯れてしまうからです。秋に結実する植物たちのタネは、冬の寒さが通過したあとでなければ、発芽しないのです。

タネは、冬の通過を確認するために、「寒さ」を感じます。自然の中で春に発芽するタネは、冬の間、寒さに耐えているだけのように思えます。でも、これらのタネは寒さにただ耐えているだけではないのです。土の中で寒さを体感し、冬の通過を確認しつつ、発芽の準備を進めているのです。

冬の寒さに出会う前のタネには、「アブシシン酸」という物質が多く含まれています。この物質は発芽を抑えています。寒さを感じると、タネの中で、この物質が減ります。一方、暖かくなるにつれて、「ジベレリン」という発芽を促す物質がつくられます。春には、発芽を抑える物質が減り、発芽を促す物質が増えて、発芽がおこります。

秋の不順な暖かさでうっかり発芽してしまうと、芽生えは冬に枯れてしまいます。タネは、そんな〝愚《おろ》かさ〟を避けるためのしくみをもち、発芽するための「季節」を知る術を身につけているのです。このような術をほんとうにもっていることを確認しようと思えば、その実験は容易です。

秋に結実したタネを二つのグループに分け、一方には、発芽の三条件と光を与えます。もう一方のグループは、何日間か冷蔵庫に入れておき、そのあとで、発芽の三条件と光を与えます。するると、冷蔵庫に入れておいたグループのタネだけに発芽がおこります。「これらのタネは、寒さを体感して冬の通過を確認したために、発芽したのだ」と納得できます。

春になるとなにげなく発芽してくるように思える植物たちが、こんなに慎重に発芽する「場所」と「季節」を選んでいることに感服します。タネがこんなに慎重に「場所」と「季節」を選んで発芽していることを知ってもらえれば、発芽してきた芽生えは、まちがいなく、〝あっぱれ！〟とほめてもらえるでしょう。

苦難に耐え、「芽が出る」チャンスは逃さない！

発芽に光を必要とするタネは、光がなければ、どうなるのでしょうか。そのまま命尽きてしまうのでしょうか。そうではありません。たとえば、土の中に埋まって、光が当たらないために発芽できないタネは、そのまま命尽きていくわけではありません。土の中で、光が当たって発芽できるチャンスが来るのをじっと粘り強く待ちます。

そのようなタネがどのくらい多いかを調べるなら、畑や花壇の土をスコップで採ってきて、光が当たるように容器に広げて、水をやり、暖かい部屋に置いてください。何日も経たないうちに、多くの芽が出てくるでしょう。

面倒なら、畑や花壇の土を掘り返して耕し、水をやるだけで十分です。何日かすると、「こんなに多くのタネが、いつ、どこから来たのだろう」と不思議に思えるほど、数多くの雑草が発芽してきます。土中に埋まり、それまで光を受けられなかったタネが、土を掘り起こされて、光が当たるようになり発芽してくるのです。

想像する以上に多くのタネが、土中で発芽の機会をうかがっているのです。光が当たらないだけでなく、発芽の三条件が与えられなければ、タネはがまん強く発芽のチャンスを待ち続けます。そのことを教えてくれる象徴的な例が、いくつかあります。

一九五一年、千葉県検《け》見《み》川《がわ》の弥生時代の遺跡から三粒のハスのタネが発掘されました。その一粒から発芽した芽生えが成長し、花を咲かせました。このハスは、それを栽培した大賀《おおが》一郎《いちろう》博士の名にちなんで「大賀《おおが》ハス」と名づけられています。「大賀ハス」のタネは、約二〇〇〇年間、遺跡の中で発芽のチャンスを待っていたのです。

イギリスのデービッド・アッテンボロー著『植物の私生活』（山と溪谷社）には、「一九八二年に発掘された弥生時代の遺跡から、何の植物のものかわからない一粒のタネが見つかりました。そのタネがまかれると発芽して成長し、一一年後に、コブシの花が咲きました」という内容の話が紹介されています。このタネも、約二〇〇〇年もの間、遺跡の中で発芽のチャンスを待ち続けていたことになります。

一九二二年、エジプトの王様であった「ツタンカーメン」の墓が発掘されました。王様に愛用されていた衣装や装身具に混じって、エンドウのタネが見つかりました。まかれると、そのタネは発芽して成長し、花が咲きました。タネは、ツタンカーメンが王様であった紀元前一四世紀から、三〇〇〇年以上もの間、都合の悪い環境を耐えしのいで、発芽のチャンスを待ち焦がれていたのです。

このように二〇〇〇～三〇〇〇年という極端に長い例でなくても、「何百年前の遺跡から出土したタネが発芽した」という話題は、めずらしくありません。たとえば、一九九一年には、栃木県足利市《あしかがし》の法界寺《ほうかいじ》跡から、室町時代のシラカシのタネが出土しました。発芽に必要な条件が与えられると、このタネは発芽し、芽生えは成長しました。約六〇〇年間、発芽のチャンスを待ち続けていたことになります。

また、一九九七年には、京都府宇治市にある、十円硬貨の表面にデザインされている平等院《びょうどういん》鳳凰堂《ほうおうどう》の庭園で発掘調査が行われました。そのとき、室町時代のツバキのタネが見つかりました。発芽に必要な条件が与えられると、このタネは発芽し、その芽生えは、二〇〇三年の春に花を咲かせ、「室町椿」と命名されています。

このような話題になるほど長く寿命を保ち続けられるのは、稀有《けう》な例かもしれません。しかし、これらの事実は、「タネは、『耐えるときには、耐える』という強い忍耐力をもっている」ということを実証しています。

私たち人間の場合には、幸福や成功のチャンスがめぐってくるのを「芽が出る」と表現します。しかし、その前には、必ず、耐えて努力するという苦難の時期があるものです。植物たちも、「芽を出すためには、耐えねばならない苦難の時期がある」ということを知っているかのように、「芽が出る」までじっと耐えているのです。「耐えねばならないときは、耐える」という忍耐を身につけているタネたちに、〝あっぱれ！〟と感服せざるを得ません。

（二）がんばるときは、がんばる！

光を探し求めて、がんばる！

植物たちは、発芽の条件がそろって、「芽が出た」からといって、安心できません。発芽したあと、光が足りないこともあります。また、暗黒の中でも発芽するタネはあります。身近なものでは、マメ科植物のタネです。ダイズなどモヤシとして食に供する植物たちは、土のない箱の暗黒の中で、水を与えられて、発芽したものです。

光が足りない中で成長している芽生えの極端な姿が、モヤシです。私たちは、モヤシを「色白で長身で、力がなさそうにヒョロヒョロと伸びている」と形容します。そして、ヒョロヒョロと背の高い細身の子を「モヤシっ子」と表現します。このとき、「モヤシ」は、ひ弱さを象徴する語として使われます。しかし、モヤシは、ほんとうに、ひ弱さの象徴にふさわしいのでしょうか。

ヒョロヒョロのモヤシは、栽培される箱の暗黒の中で発芽し、なんとか光の当たっているところに出たいと思って、一生懸命伸びている姿です。芽生えの成長に光が必要であることはよく知られていますから、「モヤシに光を当てると、もっと伸びる」と思われることがあります。しかし、それはとんでもない勘違いで、光が当たると、モヤシの伸長は止まってしまいます。もう伸びる必要がないからです。

モヤシは、栽培箱の暗黒の中で、「なんとか光の当たっているところに出よう」と思って、太陽の光を探し求めて、すべてのエネルギーを背丈《せたけ》を伸ばすことに注いでいるのです。太陽の光を見失った暗闇の中で、「太陽は上にある」と信じ、けなげに背丈を上に伸ばし続ける芽生えの姿がモヤシなのです。

タネは発芽に際して「耐えるときは、耐える」という忍耐強さを示しました。でも、発芽してしまうと、芽生えはタネのように不都合な環境に耐えることはできません。がんばって光を得られるように努力しなければなりません。がんばらねばならない境遇になると、植物たちは、「がんばるときは、がんばる！」というたくましい姿を見せるのです。

植物たちは、得たいものがあるとき、その目的に向かって、私たちと同じように、がんばるのです。目的に向かって懸命に努力するモヤシを見かけたら、けなげな姿に〝がんばれ！〟と声をかけたくなるでしょう。

期待に応えて、がんばる！

「植物にやさしい言葉をかけて育てたら、きれいな美しい花が咲く」といわれます。いかにも、植物がやさしい言葉を理解しているかのような表現です。でも、残念なことに、やさしい言葉をかけて植物を育てたからといって、特別にきれいな美しい花が咲くことはありません。

「植物にやさしい言葉をかけて育てたら、ふつうよりずっときれいな美しい花が咲いた」という経験をされた人はおられます。もしそのような人が身近におられたら、「やさしい言葉をかけながら、植物を撫《な》でて育てていなかったか」と尋《たず》ねてください。きっと、撫でて育てられたはずです。

植物は、撫でられると、「触《さわ》られる」という刺激を感じるのです。「植物は神経がないのに、どうして触られたことがわかるのか」という疑問がおこります。実は、何かに触《ふ》れると、植物のからだの中で「エチレン」という気体が発生するのです。

私たちのからだの中では、いろいろな「ホルモン」がはたらいています。成長を促進する「成長ホルモン」、血液中の糖の濃度を下げる「インスリン」、逆に血糖値を上げる「アドレナリン」などです。ホルモンというのは、特定の組織や器官でつくられ、からだの中を移動して、別の場所で、きわめて微量で作用をおこす物質の総称です。私たち人間のからだは、これらのホルモンにより、正常な状態を維持し成長するように調節されています。

植物にも「植物ホルモン」とよばれる物質があります。オーキシン、ジベレリン、エチレン、アブシシン酸、サイトカイニンなどです。この中で、〝触られる〟という刺激を感じて植物のからだの中で発生するのが、エチレンです。

エチレンには、茎《くき》の伸びを止めて背丈を低いままにして、茎を太くたくましくする作用があります。だから、植物は撫でられると、発生したエチレンによって、背丈の低い、茎が太くたくましい植物になるのです。

このことが、「ふつうよりずっときれいな美しい花が咲く」という現象につながります。なぜなら、植物たちは自分が支えることができる大きさの花を咲かせるからです。支え切れない大きな花を咲かせると、倒れてしまうのです。

そのため、茎が短く太くたくましくなった植物は、大きくりっぱな花を咲かせることができます。大きくりっぱな花は、「きれいな美しい花」と形容されます。それに対し、触られなかった植物は、茎が細くヒョロヒョロと背丈が高くなります。そのため、大きくりっぱな花を支えられないので、自分で支えられる小さな花を咲かせます。

ですから、「やさしい言葉をかけて育てたら、ふつうよりずっときれいな美しい花が咲く」というのは、正しくありません。「植物を撫でながら育てたら、ふつうよりずっときれいな美しい花が咲く」といえば、正しいことになります。

「植物が触られたら、ふつうよりずっときれいな美しい花が咲く」ということは理解できても、『植物がやさしい言葉を理解する』ということが否定されたわけではない」と、思う人もおられます。そんな人たちに納得してもらう実験があります。

植物にやさしい言葉をかけるのではなく、ひどい悪口を浴びせながら、植物を撫でて育ててください。それでも、茎が短く太くたくましくなるので、植物はふつうよりずっときれいな美しい花を咲かせます。残念ながら、植物たちはやさしい言葉とひどい悪口を聞き分けることはできないのです。

この性質は、実際に、大きな花を一輪だけ咲かせるキクなどの栽培に使われます。茎を短く太くたくましくする薬が市販されていますが、薬を使わずに茎を短く太くしようと思えば、キクを撫でまわして育てればよいのです。

日が経つにつれて、撫でまわさない鉢植えのキクと比べて、撫でまわしたキクは伸びずに、茎が短く太くたくましい植物になります。そして、茎が短く太くたくましいキクは、大きくりっぱな花を咲かせます。

植物たちには、言葉の意味はわかりませんが、「きれいな美しい花を咲かせたい」と思っている人の気持ちは通じるのかもしれません。植物たちは、その期待に応えようと、がんばるのでしょう。

私たちは、植物たちの「触られると、感じる」という性質を、このように都合よく受け取ることができます。植物たちが撫でて触られることを気持ちよく感じているかどうかは、わかりません。それでも、この性質は、植物たちにとっては生きていくために必要なもののはずです。次の項で、それを考えましょう。

全力で土を押しのけて地上へ！

植物たちは、〝接触する〟という刺激を感じると、茎を短く太くたくましくします。この性質が、植物たちが生きていくのに、どんな役に立つのでしょうか。たとえば、それは発芽のときに役に立ちます。モヤシは発芽すると、茎がヒョロヒョロと長く伸びます。

「なぜ、モヤシの茎は、ヒョロヒョロと長く伸びるのか」と問えば、「暗黒の中で育ったから」という答えが返ってきます。この答えは、誤りではありませんが、物足りません。なぜなら、同じ暗黒の中でも、栽培される箱の中でなく土に埋まった暗黒の中では、芽生えはヒョロヒョロと長く伸びないからです。

土中の暗黒で育つ芽生えを、地表面に芽が出る直前に土中から掘り出すと、その茎は短く太くたくましくなっています。「暗黒の中では、茎がヒョロヒョロと長く伸びる」という特徴は、土に埋まった暗黒の中では消えているのです。

モヤシが栽培される箱の中の暗黒と、土に埋まった暗黒の中との間に、どんな違いがあるのでしょうか。何か違いがあるはずです。「土には肥料となる養分が含まれているので、芽生えの茎が太くたくましくなるのではないか」という可能性が考えられます。しかし、そうではありません。モヤシが栽培されている箱の中の水に、どんなにうまく肥料となる養分を含ませても、芽生えの茎は太くたくましくなりません。

モヤシを栽培する箱の中の暗黒では、芽生えは何もない空間の中を伸びます。それに対し、土中の暗黒では、芽生えが、〝土と触れる〟という接触の刺激を感じて伸びます。芽生えは、〝土と触れる〟という刺激を感じ、茎を短く太くたくましくするのです。

土の中の暗黒で、芽生えの茎は、短く太くたくましくなければなりません。もし、土の中の暗黒で、芽生えがモヤシのようにヒョロヒョロと長く伸びようとすれば、土を押しのけて地上へ出られないでしょう。

土に埋まったタネから発芽した芽生えは、光の当たる地上へ出なければなりません。そのために、上にかぶっている土を押しのけなければなりません。土を押しのけようと、芽生えが下から土を押すと、かぶさっている土が多ければ多いほど強く〝接触〟を感じて、それに負けまいと、ますます強い茎になり、地上に出てこられるのです。

〝触られる〟という刺激を感じて、背丈の伸びを抑えて、茎を太くたくましくするという性質は、土を押しのける力を生み出すのです。〝接触する〟という刺激を感じると、茎が短く太くたくましくなるという性質は、植物が生きるための巧みなしくみの一つなのです。

土と接触することで、茎は太くたくましくなり、土を押しのけて地上に芽を出すという〝あっぱれ〟なしくみを植物たちがもっていることに感服せざるを得ません。こんな芽生えの苦労を知ると、土の中で発芽し、暗黒を抜けてようやく地上に出てふた葉を広げた姿が、まるで、両手を広げて「万歳！」と叫んでいる姿に見えてきます。〝あっぱれ〟とほめてやってください。

植物のあっぱれな「ハングリー精神」

室内で栽培する植物を日当たりの良い窓辺《まどべ》に置いておくと、茎の先端は光の来る方向へ曲が

太陽の照射角度と葉の受ける光の量

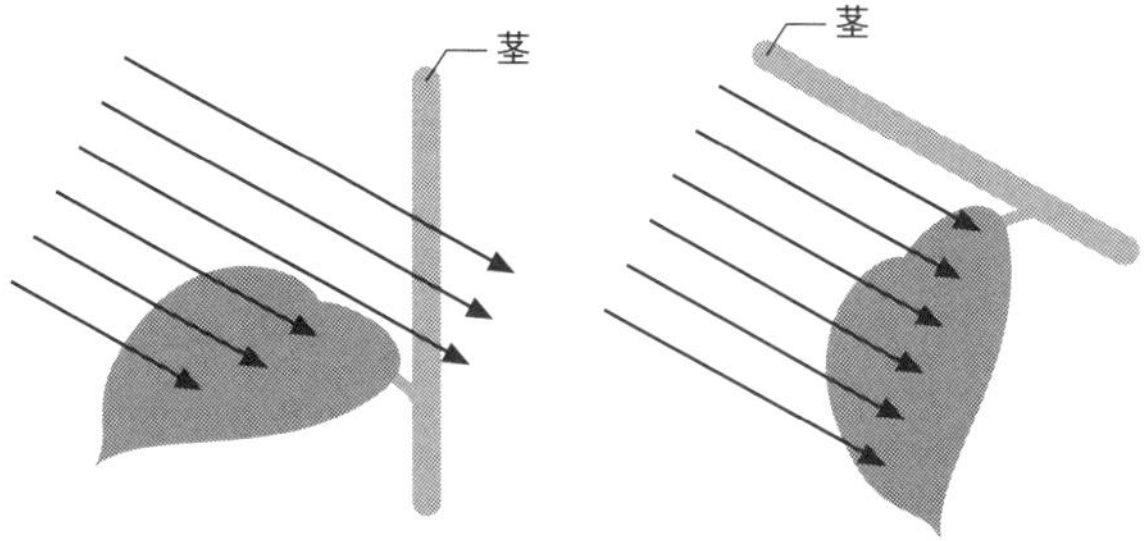

茎の先端が光の方向に向けば、葉っぱの表面は光に直面する（右）ので、多くの光を受けることができます。

って伸びます。小・中学校の理科の教科書などには、真っ暗な箱の中に鉢植えの植物を置き、箱の側面に小さな穴を開け、そこからだけ光を入れる実験があります。この箱の中の植物の茎の先端は、光の来る穴の方向に向かって伸びていきます。

この現象は、「茎には、光の方向に向かって伸びる性質がある」と説明されます。茎が光の方向に向かって伸びれば、光が多く得られることは何となく理解できます。でも、この性質には、多くの光を得るための理屈がきちんとあります。

芽生えが、茎の先端を光の方向に向ければ、その茎の先端の下にある葉っぱの表面は光に直面します。植物たちが、室内や真っ暗な箱の中に置かれると、茎の先端を光の来る方向に向けるのは、その茎についている葉っぱの表面を光に直面させるためです。葉っぱの表面を光に直面させるのは、植物たちが多くの光を必要とするときです。どうして、葉っぱが光に直面すると、葉っぱの表面に多くの光を受けることになるのでしょうか。

一定量の光が、葉っぱの表面に垂直方向に照射してきた場合と、斜めの角度から照射してきた場合を模式的に図に示しました。垂直方向からと斜めの角度からで光が葉っぱの表面に当たった場合を比較したものです。垂直方向からの場合、一定の面積で、多くの光を受け取ります。一方、斜めの角度から光が照射してきた場合、一定の面積で受け取る光の量は少ないのです。そのため、垂直方向から光が来るときの方が、斜めからの場合に比べて、同じ面積の葉っぱでも多くの光を受け取ることになります。

つまり、茎の先端を光に向けると、その下にある葉っぱの表面には、光が垂直に当たるようになり、一定の面積で多くの光を受け取ることができるのです。もし茎の先端を光に向けなければ、光は葉っぱの表面に斜めに当たり、一定の面積で受け取る光の量は少なくなります。植物は、光が必要なとき、茎の先端を光の来る方向に向けることにより、多くの光を受け取れることを知っているのです。

私たちでもよく考えないと、わからないような理屈を、植物は理解しているのです。ですから、植物は当たる光が不足しているときには、多くの光を受け取れるような反応を示すのです。

葉っぱに当たる光の量が不足しているとき、光が足りないという〝ハングリー精神〟を刺激され、知恵を絞り出しているのかもしれません。

植物たちが、ハングリー精神を発揮する例は、茎や葉っぱだけでなく、根にもあります。「ゴルフ場の芝生の根を強く張りめぐらせるには、毎日、水をやってはいけません。四〜五日間、水をやらずに、乾燥させ、もう枯れるかなと思うころに、水を与えるのがよい」といわれます。なぜでしょうか。

成長する芽生えは、じめじめした水気の多い場所では、根をあまり発達させません。根を発達させなくても、水が十分に得られる場所にいることを知っているからです。しかし、水が不足する乾燥した場所では、植物たちは根をどんどん発達させます。植物たちは、水をもらえないと、「水が足りない」というハングリー精神を刺激され、水を求めて根を発達させます。植物たちのハングリー精神が、ゴルフ場の芝生の栽培に利用されます。

ゴルフ場の芝生に二〜三日間、水を与えなければ、芝生はハングリー精神を刺激され、水が欲しく、水を探し求めて、一生懸命に根を伸ばします。それでも、水が得られなければ、芝生は疲れ果て、枯れそうになります、そんな四〜五日目のギリギリのところで、水を与えます。

水をもらった芝生は、元気を取り戻します。元気を取り戻せば、また水を与えません。二〜三日の間、水を与えられなければ、芝生は「水が欲しい」というハングリー精神を再び刺激され、水を求めて根をさらに発達させます。これを繰り返せば、芝生は、たくさんの強い根を精いっぱいに生やします。

根の発達のためにハングリー精神を刺激する方法は、イネにも利用されます。田植えのすんだ水田では、水がいっぱい張りめぐらされ、イネは水につかって育ちます。水の中で育つイネには、主に、三つの恩恵があります。一つ目は、水は温まると冷めにくいので、夜も暖かさを保てます。これは、インドや東南アジアの暑い地域出身のイネには望ましい環境です。

二つ目は、土の上でなら水の不足に悩まねばなりませんが、水の中なら、水の不足に悩む必要がないことです。三つ目は、水の中には、多くの養分が豊富に含まれていることです。水は高いところから低いところへ流れてくるので、その途上で養分が溶け込みます。そのため、水につかっていれば、イネはそれらの養分を吸収することができます。このように、水の中は、イネにとっては、たいへん恵まれた環境なのです、

イネの根は水が不足するような乾燥地では、水を求めて強く張りめぐらせる力をもっています。でも、水が容易に得られる水田では、根を張りめぐらせる必要がありません。ところが、そのまま水田で育って秋を迎えたら、強い根を張りめぐらせていないイネは、秋に実る垂れ下がるほどの重い稲穂《いなほ》を支えることはできません。

そこで、イネの穂が出る前に、水田の水は抜かれ、田んぼの表面の土が乾燥してひび割れす

「中干し」した田んぼ（写真提供・南魚沼大久保農園株式会社）

るくらいに乾かされます。この過程は、「中干《なかぼ》し」とよばれます。こうすれば、今まで水をいっぱいもらって、根を強く張らずに育っていたイネは、びっくりします。土が割れるほど乾燥させられ、危機を感じてびっくりして、急いで水を求めて多くの根を張りめぐらせます。

イネは、水がないという〝ハングリー精神〟を刺激されて、根を張りめぐらせるのです。そうしてこそ、秋に垂れ下がるほどの重いお米を実らせるからだを支えることができます。中干しすることで、土にできたひび割れから、土の中に酸素を供給する効果もあり、このことが根の成長をさらに助けることにもなります。

芝生やイネに限らず、乾燥した土の中で、植物たちは根を伸ばします。土の表面は乾燥していても、地下深くには水分があり、その水分を探し求めて、植物たちは長い根を伸ばすのです。これが、植物たちのハングリー精神です。

自然の中では、植物たちの欲求が満たされるはずがありません。そんなとき、ハングリー精神を発揮して、精いっぱいの努力を重ねる植物たちの生き方に、〝あっぱれ！〟と感嘆《かんたん》せざるを得ません。水が不足するという逆境の中で、その逆境を糧に根を強く張りめぐらせるという植物たちの生き方に〝あっぱれ〟という感嘆語はふさわしいのです。

(三) 日ごろの心構え

分相応に生きる

カポックという観葉植物があります。正式な名前は、「シェフレラ」ですが、園芸品種として「ホンコンカポック」がよく知られています。一〇枚前後の小さな葉が手のひらのように平たく丸く並ぶ植物です。ふつうは、鉢植えで栽培され、背丈は一〜二メートルに育ちます。

ところが、あるとき、「この植物が一二メートルを超す高さにまで伸びた」という話を耳にしました。「何が原因で、そんなに高くまで伸びたのだろう」と気になったので、育っている様子を撮影した映像を見せてもらいました。

五階建てのビルの一階と二階の間の踊り場に置かれた鉢植えとして、この植物は栽培されていました。階段は五階まで吹き抜け状態になっており、カポックはその空間を上へ上へと伸びていました、四階を超え、まもなく五階に達しようという伸び方でした。

「特別の肥料や背丈を伸ばす物質が、与えられたわけではない」ということでした。ビルの内部を撮影した映像を見ると、これだけ背丈を伸ばした原因におよそ想像がつきました。吹き抜けの最上階の五階の窓から明るい光が射し込んでいるのです。四階より下にも窓はあるのですが、近接している建物の陰になり、うす暗い状態でした。そのため、カポックは、最上階の五階の窓から射し込む太陽の明るい光を求めて、茎を上へ上へと伸ばしたのでしょう。茎には、光を求めて伸びる性質があるからです。

でも、この植物は、暗い室内でも観葉植物として鉢植えで栽培され、背丈をそんなに伸ばしません。そのようなときには、伸びても仕方のない室内という環境で、「こんな程度で生きていこう」と、与えられた場所に分相応の生き方をしているのです。強い光があり、一〇メートル以上も伸びられる空間が準備されているのなら、そこまで背丈を伸ばす能力を秘めている植物が、与えられた環境の中では、分相応に生きるのです。

植物たちは、自分がもっている潜在的な能力を抑えてでも、とにかく与えられた場で生き抜くという〝強さ〟を秘めているのです。植物が「与えられた環境で、分相応に生きている」と感じる例は、他にもあります。

埼玉県行田市水城公園で繁茂するホテイアオイ（写真提供・行田市役所）

金魚鉢や水槽に浮かべられて観賞用に栽培されるホテイアオイという植物があります。葉っぱの柄のもとが、布袋様のおなかのように膨らんで浮き袋になり、水に浮く水草です。栽培していると、ある日突然に、この植物が花を咲かせるのに出会うことがあります。淡い紫色の花をはじめて目にすると、誰もがその美しさに驚かされます。六枚の上品な色の花びらからなる花は、ヒヤシンスに似ています。だから、この植物の英語名は「ウォーターヒヤシンス」です。

金魚鉢や水槽の中では、小さくてかわいいホテイアオイですが、川や池や湖に育って野生化すると、旺盛な繁殖力を発揮します。二メートル以上の背丈に成長し、どんどん増えるため、狭い水路などをふさいでしまいます。全国の水域、水路で、繁茂したこの植物を取り除くのがやっかいがられています。

しかし、「ホテイアオイを金魚鉢や水槽で長い間栽培していても、そんなに大きくならないし、増えることもない」と不思議に思われるかもしれません。その理由は、金魚鉢や水槽には、ホテイアオイが成長するための養分が少ないからです。金魚鉢や水槽には、ごくわずかの金魚の餌の残りや金魚の排泄物ぐらいしか、養分が含まれていません。そんな水の中では、ホテイアオイは旺盛な繁殖力を発揮できないのです。

池や沼、湖などには、一般家庭の生活排水が流れ込みます。そこには、多くの養分が含まれています。また、工場から、窒素やリンをたっぷり含んだ排水が大量に流れ込んできます。「池や沼、湖の水質が富栄養化されている」といわれる現象です。

そんな水の中では、これらの養分を使って、ホテイアオイは旺盛に繁殖する能力をもっています。金魚鉢の中では、与えられた環境の中で、分相応の生き方をしているのです。たとえ、養分がほとんどないという逆境であっても、その中で生き抜くという強さをもっているのです。

私たちの身近では、与えられた場所で分相応の生き方をしていますが、潜在能力が想像をはるかに超えている植物があります。それはトマトです。その能力は「水気《すいき》耕栽培《こうさいばい》」といわれる、温室の水耕栽培で発揮されます。この方法で栽培されると、トマトの一株は、木のように大きく成長します。花を咲かせて、結実をはじめると、約一万六〇〇〇個もの実をつけます。

巨木トマト（写真提供・協和株式会社）

この栽培方法の特徴は、土が使われていないことぐらいです。「あっ」と驚くようなタネや仕掛けはありません。特別なトマトの品種でもなく、特殊な成長ホルモンも使われていません。特殊な栄養素が与えられているわけでもありません。水気耕栽培には、「なぜ、トマトが木のように大きく育つのか」という問いに、明確な答えはありません。

トマトには、適切な光や温度が与えられ、根を十分に発育させられる環境であれば、このように成長できる能力が潜在的にあることになります。だとしたら、私たちがふつうに栽培する畑や家庭菜園のトマト、あるいは、ビニールハウスの中で育つトマトは、自分の能力いっぱいの成長や結実をしていないことになります。

畑や家庭菜園、ビニールハウスの中で育つトマトたちは、「もっといい条件で育ててくれたら、もっとすくすく大きく育って、たくさんのトマトを実らせることができるのに残念だ」と、思っているはずです。畑や家庭菜園、ビニールハウスの中という与えられた環境で、トマトは分相応の成長をしていることになります。能力が発揮できない逆境であっても、めげることなくその場所で精いっぱい生き抜くという〝強さ〟に感服せざるを得ません。

私の研究室の専攻生が卒業実験で、タンポポに肥料をたっぷりと与えて育てたことがあります。葉っぱがどんどん大きくなって、一枚の葉っぱの長さが四〇〜五〇センチメートルくらいになり、幅は一〇センチメートルを超えました。その葉っぱが四方八方に放射状に広がり、タンポポの一株が直径一メートルぐらいの円状になりました。ものすごい成長能力をもっているのです。

そのようにすごい潜在的な成長能力をもちながら、多くのタンポポは自分の芽生えた場所で、小さな葉っぱを展開するだけで、その場に分相応に生きています。こうなると、タンポポがいじらしい植物に思えてきます。雑草は、多かれ少なかれ、そのような生き方を強いられているのでしょう。

オオバコという雑草があります。春に、株の中心から放射状に葉っぱを広げ、夏になると、長い柄を伸ばして穂のようになって多くの花を咲かせます。道端やあぜ道などで人に踏まれても生きる、タンポポと並んで、たくましい雑草の一つです。

オオバコは漢字で、「車前草《しゃぜんそう》」と書かれます。最近の舗装道路では無理ですが、土の道なら人や車に踏まれる場所でも平気で生えています。車の通る前にでも生えるという意味で、「車前草」なのです。昔なら、馬車や牛車に踏まれたのでしょう。この植物は、与えられた環境で分相応に生きる雑草の強さを教えてくれる植物です。

「オオバコ」という名は、大きな葉っぱをつけるので「大葉子（オオバコ）」と説明されます。「そんな大きな葉っぱでもないのに、なぜ『大きな葉』というのだろう」と、私には不思議でした。ところが、あるとき、人に踏まれることのない、土地の肥えたところで育つオオバコを見て、謎が解けました。五〜七本の太い葉脈《ようみゃく》が目立つ、きれいな緑色の大きな葉っぱが勢いよく育っていたのです。ふつうに見かける葉っぱの数倍の大きさでした。

道端やあぜ道などで人に踏まれて育つオオバコと比べると、葉っぱの緑色はいきいきとしており、株の姿には勢いがあり、まったく違った印象でした。この植物は、ほんとうはこのような成長をする能力をもっているのです。

昔の人が、オオバコのこのような潜在的な能力に気づいて、「オオバコ」と名づけていたのには、驚かされます。同時に、すごい能力をもちながら、何も愚痴をこぼすこともなく、与えられた場所に分相応に生きるオオバコに、生き抜くための〝強さ〟を感じます。

私は、雑草をなるべく踏まないように歩いているつもりです。でも、踏んでしまうこともあり、踏まねばならないときもあります。そんなとき、心の中で「ごめん」と謝ります。そんな私は、ふつうの人からは「変な人」と思われるかもしれません。でも、ここで紹介したホテイアオイ、タンポポ、オオバコなど、雑草たちの生き方を知ってもらうと、「ごめん」と謝る私の気持ちをわかってもらえると思います。

競争を避ける

ヒガンバナは、古くに、中国から日本に渡来しました。この植物は、秋にツボミが地上に出て真っ赤な花を咲かせます。花は、あざやかな赤い色で、目にまぶしく目立ちます。しかし、ふと気がつくと、この植物の葉っぱの印象は、ほとんどありません。「ヒガンバナの葉っぱは、どこにあるのか」と不思議に思います。

「春から夏に葉っぱが茂り、秋に葉っぱが枯れたあと、花が咲いたのか」と思い、花の下を探してみても、枯れたばかりの葉っぱは見当たりません。「花の下に生えているのか」と思い、花が咲いている季節に探しても、葉っぱは生えていません。

実は、この植物は、秋に花が咲いたあとに、細く目立たない葉っぱを生やすのです。秋の終わりから冬になると、少し厚みのある、細く長い葉っぱが多く茂りはじめます。何の変哲もない葉っぱであり、これがヒガンバナの葉っぱだと気づくまでは、目立ちません。ただ、一度気づけば、注意していると、けっこうあちこちの畑のあぜや空き地に生えているのがわかります。特に、冬には、他の植物の葉っぱが少なくなるので目立ちはじめます。

冬の間、寒さの中で青々と茂るヒガンバナの葉っぱは、日差しを浴びて光合成をします。他の植物に邪魔されず、ヒガンバナは放射状に多くの葉っぱを広げ、太陽の光をいっぱい浴びます。冬に茂った葉っぱは、四月から五月、暖かくなって、他の植物たちの葉っぱが茂りだすころ、枯れてすっかり姿を消してしまいます。

だから、この植物の花と葉っぱが出会うことはありません。ヒガンバナの呼び名には「マンジュシャゲ」や「カジバナ」、「シビトバナ」などいろいろありますが、その中の一つに「ハミズハナミズ」というのがあります。何のことかと思われるでしょう。これは、「葉は花を見ず、花は葉を見ず」を省略して呼び名となっているものです。

ヒガンバナでは、花の咲くときには葉が見られず、葉が茂っているときには花が咲かないので、葉っぱと花が出会うことがないということを意味しています。「出会うことがないので、お互いが思い合い、花は葉っぱを思い、葉っぱは花を思う」という意味から、相思相愛を連想してでしょうか、「相思華《そうしばな》」とよばれることもあります。

昔、ヒガンバナは、お墓のまわりに、わざわざ植えられていました。亡くなった人のからだが土葬されていた時代、そのからだをモグラやネズミが食べに来ないように、植えられていたのです。なぜなら、この植物は「リコリン」という有毒物質をもっているからです。そのため、この植物がお墓のまわりに生えていても、不思議ではないのです。ところが、その事情を知らない人には、「墓地に咲く花」とされ、気味悪がられて、大切にされてきませんでした。

でも、この植物は絶えることなく生き続けてきました。しかも、細々と生きているわけではありません。ヒガンバナの花が咲く地面を掘れば、花の個数の何倍も何十倍もの球根がゴロゴロと埋まっています。冬の太陽の光を受けて育つ葉っぱが栄養分をつくって蓄えて、次の世代を繁殖させているのです。

この植物の葉っぱは、冬に育つので生育場所を他の植物と奪い合う必要はありません。また、冬の太陽光は弱くても、多くの葉っぱで毎日その日差しを受ければ、他の植物に邪魔されずに光合成をして繁栄できます。もちろん、冬の寒さの中で緑の葉っぱが育つしくみは必要です。でも、そのしくみを身につけさえすれば、その個性を生かして、他の植物と横並びの競争をせずに、繁栄できるのです。

秋の野に、この植物は、葉をつけずに真っ赤な花を誇らしげに広げます。その姿は、「人間の世界では、多くの雑草のように個人や組織が競争にあくせくして心の余裕をなくしています。個性を生かして横並びの競争を避ける努力を怠っていませんか」と語りかけているように感じるときがあります。

この植物の生き方を考えると、「きびしい世界の中でも、工夫をすれば、競争を避けて繁栄の道を探れる可能性もあるのだ」と、励まされ勇気づけられます。自分独自の創意や工夫をすることの大切さを教えられるようです。

植物たちの〝あっぱれ〟な生き方に感服です。

共存共栄のためのあっぱれな知恵と努力

通常は、英語名で「クローバー」とよばれる植物があります。茎は、地面を這うように伸びます。節から芽を出しながら、長い柄をもつ葉を立ち上げます。葉は、卵形の三枚の小葉《しょうよう》からなります。稀《まれ》に見つかる四枚の小葉からなる葉っぱは「四つ葉のクローバー」とよばれ、幸運をもたらすものとされています。

江戸時代にオランダからガラスの器や装飾品などの輸入品を運ぶとき、割れないように、乾燥させた、この草が詰めてありました。そのため、この草は「詰草（ツメクサ）」といわれました。春から夏にかけて、葉っぱよりも長い花茎《かけい》を出して、その先端に花を咲かせます。小さなチョウチョのような形の花が三〇～八〇個集まって、直径一～二センチメートルくらいの球状になります。花が白いとシロツメクサ、花が赤いとアカツメクサ、または、ムラサキツメクサです。

　この植物は、野や空き地に群落をなして繁殖します。このような場合には、仲間が寄り添って仲良く生活しているように見えます。仲間が助け合って生活しているような印象をもつ人も、少なくありません。

　ところが、このような場合、異なる種類の植物が同じ場所で育っている場合よりもきびしい闘いがおこっているはずです。なぜなら、同じ仲間の個体なので、欲しがる条件がまったく同じだからです。快適な生活場所、最適な光の量、必要な栄養物、温度、水分、湿度など、その他の種々の要因について、個々の個体が同じものを同じように欲しがります。

　もし少しでも好みが違えば、折り合うこともできます。たとえば、光の強さの好みが違えば、少し弱い光でよいものは、強い光が必要なものの陰になって育つことができます。ところが好みがまったく同じ場合、折り合いをつけるのは困難です。

　だから、群落の中でのそれらの奪い合いは、熾烈なものとならざるを得ません。でもそんな競争をしている中でも、クローバーは、みんなが共存して共栄していくための努力をし、なんとか折り合いをつけようとします。

　もっとも大切なのは、仲間のみんなが同じように光を受け取ることです。そのため、群落の真ん中の植物たちは、光がたくさん当たるように、背を高く伸ばします。「まわりの仲間に負けないように、背を高くして、光をたくさんもらおう」ということでしょう。

群落の端の植物は、光がよく当たるので、真ん中の仲間に光が当たるのを邪魔しないように、背丈を伸ばしません。その結果、群落の真ん中の方がぽっこりと背が高くなります。四つ葉のクローバーを探しているときに気づく人がいるかもしれません。

このようなしくみが、仲間との共存共栄を支えています。だからこそ、クローバーは群落をつくり、仲間と切磋琢磨しながらも、共存共栄ができるのです。植物たちの、仲間とともに生きるために〝譲る〟という知恵に〝あっぱれ！〟と感服せざるを得ません。

食べられる宿命に、「常に備えよ」

「動物が食べているものは、何か」と考えてください。それは、植物たちのからだです。動物を食べている肉食の動物もいます。しかし、その食べられる動物が「何を食べて大きくなったのか」と、もとをたどれば、植物に行きつきます。だから、「すべての動物は、植物を食べて生きている」といえるのです。植物たちは、すべての動物の食糧の源であり、食べられることで、地球上のすべての動物を養っているのです。だから、動物に食べられることは、植物の宿命です。

「動物に食べられる」という宿命にある植物たちも、食べられるだけでは滅びてしまいます。

頂芽優勢

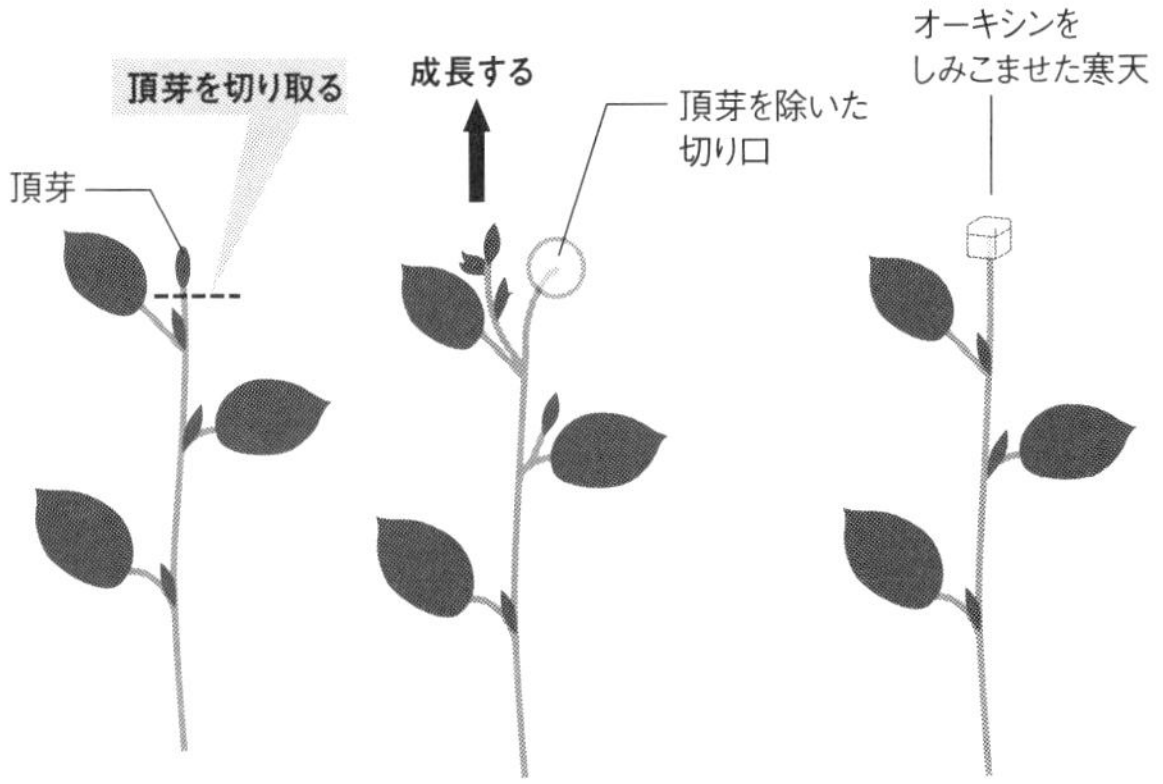

頂芽を切り取ると（左）、先端になった側芽が伸びはじめます（中）。
頂芽の切り口にオーキシンを与えると、側芽は伸びてきません（右）。

そこで、食べられても、その被害があまり深刻にならないような、巧妙な性質を備えています。身近に見ている植物たちの成長の仕方に、その性質は隠されています。

発芽してどんどんと成長を続ける植物は、茎の先端にある芽が背丈を伸ばしながら、次々と葉っぱを展開します。茎の先端にある芽を「頂《ちょう》芽《が》」といいます。枝分かれしないヒマワリやアサガオでは、上にグングン伸びていく頂芽だけがよく目立ちます。

しかし、芽は、茎の先端にあるだけでなく、すべての葉っぱのつけ根にもあります。その芽を「頂芽」に対して、「側芽《そくが》」といいます。側芽は、頂芽がさかんに伸びているときには伸びません。頂芽だけがグングン伸び、側芽が伸びない性質を「頂芽優勢《ちょうがゆうせい》」といいます。

動物に食べられたときに、この性質が威力を発揮します。頂芽を含めて植物の上の方の部分が食べやすく、やわらかな若い葉なので、動物に食べられることが多いでしょう。そのあとで、植物たちはどんな成長をはじめるでしょうか。

食べられた下には、多くの側芽があります。どの位置まで食べられるかはわかりませんが、頂芽があったときには、下の方の側芽であったもののどれかが一番先端になります。すると、その側芽が次の頂芽となり、「頂芽優勢」の性質で伸びはじめます。

食べられた茎の下方に側芽がある限り、一番先端になった側芽が頂芽となり伸びだすのです。上の芽と葉っぱが動物に食べられても、茎が折られて上の方の芽と葉っぱがごっそりなくなっても、茎の下方に側芽がある限り、一番先端になった側芽が頂芽となって伸びるのです。そのため、食べられて、しばらくすると、何ごともなかったかのように、食べられる前と同じ姿に戻ることができます。これが、「頂芽優勢」という性質の威力です。

頂芽優勢という現象は、「オーキシン」とよばれる物質に支配されていると考えられています。この物質は、頂芽でつくられます。そして、頂芽を切り取ると、側芽が成長をはじめることから、「頂芽でつくられるオーキシンが、茎を通って下の方に移動し、側芽の成長を抑えている」と考えられているのです。

でも、これだけではオーキシンの作用とは決められません。芽から茎に移動してくる物質は、オーキシンだけとは限らないからです。そこで、頂芽を切り取ったあと、その切り口にオーキシンを与えてみます。すると、頂芽がないにもかかわらず、側芽の成長が抑えられます。そのため、「頂芽でつくられるオーキシンが、茎を通って下の方に移動し、側芽の成長を抑えている」ということになります。

頂芽となった芽の成長は、「サイトカイニン」という物質で促されます。これは、植物の〝若返りホルモン〟といわれ、芽の成長などを促します。この物質は、側芽のそばの茎の部分でつくられます。そして、そばの側芽に供給されて、側芽の成長が促されます。一方、頂芽から移動してくるオーキシンは、サイトカイニンがつくられるのを抑えます。そのため、側芽は成長ができないのです。頂芽が切り取られると、オーキシンの抑制が取り除かれて、サイトカイニンがつくられ、側芽が成長をはじめます。

「もし植物たちが動きまわることができたら、逃げることもできるので、動物に食べられないのに、動きまわれないから食べられてしまう」と思われるかもしれません。でも、もし植物たちが完全に逃げまわることができたら、動物たちは何も食べられないので、生きていけません。

しかし、植物たちは、そのようになることを望んでいないでしょう。「少しぐらいなら、動物にからだを食べられてもいい」と思っているはずです。なぜなら、植物たちは、「動物に生きていてほしい」からです。

植物たちは、花粉を運んでもらうのに、虫や鳥などの動物の世話になります。また、動物のからだにくっついてタネを運んでもらいます。動物に実を食べてもらうのも大切なことです。食べてもらえば、実の中にあるタネを糞といっしょにどこか遠くに排泄してもらえます。あるいは、食べ散らかすようにしてタネをどこかに落としてもらえます。

動物に実を食べてもらうと、植物たちはタネをまき散らしてもらえるのです。これらは、動きまわることのない植物たちにとっては、生活の場を移動するのに役立ちます。また、生活の場を広げるのに必要なことです。

そのため、「少しぐらいなら、動物にからだを食べられてもいい」と思っている植物たちは、「頂芽優勢」のようなしくみを身につけているのです。「食べられる」という宿命に対して、常に備えているのです。

私が勤める甲南大学は、兵庫県神戸市にあり、一九九五年の阪神淡路大震災に見舞われ、多大な被害をこうむりました。その後、すべての校舎の復旧が完了し、記念碑が建てられ、そこに「常ニ備ヘヨ」という文字が刻まれました。

この言葉は、甲南大学創立者の平生《ひらお》釟三郎《はちさぶろう》先生のモットーです。記念碑には、「天の災いを試練と受け止め、常に備えて、悠久の自然と共に生き、輝ける未来を開いていこう」との文も刻まれています。

また、世界的な社会教育団体であるガールスカウトやボーイスカウトが、その行動や活動のために定めている共通の規範は、「そなえよつねに（備えよ常に）」です。英語では「ビー・プリペアード」といいます。

植物たちは、何ごとがおこるかわからない自然の中で生き抜いていかねばなりません。そのような状況では、〝常《つね》に備《そな》えよ〟との心構えは、大いに役立つでしょう。このような心がけを身につけている植物たちに〝あっぱれ！〟と感服です。

「地に足をつける」を超えて！

私たちが何の植物のものかわからないタネを手に入れたら、いろいろな思いが頭をよぎります。「うまく発芽するだろうか」と心配しながら、「どんな芽が出るだろうか」と、発芽させます。うまく発芽して芽生えが育ちはじめると、「無事に育つだろうか」と心配になります。同時に、「花はいつ咲くのだろうか」とか「どんな花が咲くだろうか」とか「どんな実がなるのだろうか」と、私たちは楽しい想像をして、胸を膨らませます。

発芽させる私たちだけではなく、発芽する植物たち自身も、「うまく育つことができるだろうか」と発芽の際には心配しているでしょう。うまく発芽した芽生えは、「無事に育つだろうか」と不安を感じているでしょう。

どんどん育ちはじめると、「花を咲かせられるだろうか」とか「ハチやチョウチョが寄ってきてくれるだろうか」とか「実をならせることができるだろうか」と、花咲く日を夢に見はじめるでしょう。そして、「きれいな花を咲かせたい」とか「おいしい実をならせたい」とか「多くの子ども（タネ）をつくりたい」など、将来へのあこがれを抱きはじめるのに違いありません。

しかし、植物たちは、決して浮かれた気分で、夢を描き、あこがれを抱いているわけではありません。タネは、本章の「石橋をたたいても渡らないタネたち」や「苦難に耐え、『芽が出る』チャンスは逃さない！」で紹介したように、発芽の際に、時の流れを読んで「季節」を選び、光が当たる場所であることを確認して、生涯をスタートしているのです。生涯の夢の実現に向けて、着実に一歩を踏み出すのです。

発芽したあとの芽生えは、タネが描いていた夢をかなえ、自分たちの抱くあこがれを実現させるために、日々努力を重ねます。「光を探し求めて、がんばる！」や「植物のあっぱれな『ハングリー精神』」で紹介したように、光が少なければ、多くの光を受けられるように成長し、水の不足に悩まないように根を張りめぐらせるのです。

私たちは、しっかりと目標をもってがんばらねばならない人に対して、「地に足をつけて」という表現を使い、堅実な生き方をするようにと諭します。発芽した芽生えは、「地に足をつける」どころではありません。「地に足をつける」を超えて、地に根を深く潜り込ませて、「地に根を張りめぐらせる」という、堅実な生き方をするのです。

芽生えたちは、ひと花咲かせる日を夢見て、本章の「分相応に生きる」や「競争を避ける」、「共存共栄のためのあっぱれな知恵と努力」や「食べられる宿命に、『常に備えよ』」などで紹介したような、日ごろの心構えを身につけて、日々、がんばっているのです。〝あっぱれ〟な生き方と表現するのにふさわしいでしょう。

第二章

ひと花咲かせたあとの大仕事

（一）植物たちの婚活とは？

「大仕事」とは？

「ひと花咲かせる」という言葉があります。私たちは、この言葉を何かを成し遂げたあとに使います。しかし、植物たちにとっては、ひと花咲かせたあとに、「大仕事」が待っています。タネをつくって子孫を残すという大仕事です。ですから、私たちとは違い、植物たちにとってはひと花咲かせたあとの方が大変なのです。

このようにいうと、反論を受けることがあります。「多くの種類の植物は、一つの花の中にオシベとメシベをもっており、オシベの先端にできる花粉がメシベにつけばタネができる」ということは、よく知られています。そのため、「同じ花の中で、オシベの花粉をそばにあるメシベにつければ、タネはできる。だから、子どもをつくることは、多くの植物たちにとって、そんなにたいそうな大仕事ではない」というものです。

ところが、多くの植物は、自分の花粉を同じ花の中にある自分のメシベにつけてタネを残すことを望んでいません。なぜなら、生き物が子どもをつくるのは、仲間や子どもの個体数を増やすためだけではないからです。自分たちの命を、次の世代へ確実につないでいくためには、いろいろな性質の子どもが生まれる方がいいのです。

暑さに強い子ども、寒さに強い子ども、乾燥に強い子ども、日陰に強い子ども、病気に強い子どもなど、いろいろな性質の子どもがいると、自然というさまざまな環境の中で、どれかの子どもが生き残ることができます。

ですから、生き物はいろいろの性質をもった子どもをつくりたいのです。いろいろの性質をもった子どもをつくるために、多くの植物は、一つの花の中で、自分のオシベの花粉を自分のメシベにつけてタネをつくることを避けたいのです。

なぜなら、自分の花粉を同じ花の中にある自分のメシベにつけてタネをつくっても、自分と同じような性質の子どもが生まれるだけだからです。もし親が「ある病気に弱い」という性質をもっていたら、自分の花粉を同じ花の中にある自分のメシベにつけてタネをつくると、その性質はそのまま子どもに受け継がれます。

自分の花粉を同じ花の中にあるメシベにつけてタネをつくり続けていると、一族郎党のすべてがその病気に弱くなり、もしその病気が流行《はや》れば、子どもだけでなく、一族郎党が全滅する可能性があります。だから、多くの植物たちは、自分の花粉を同じ花の中にある自分のメシベにつけて、子どもをつくることを望んでいません。

また、自分の花粉を自分のメシベにつけてタネをつくると、隠されていた悪い性質が発現する可能性があります。たとえば、「花粉をつくることができない」という性質が隠れていることがあります。ふつうに花粉をつくっていても、実はその性質を隠れもっている親がいます。その場合、自分の花粉を自分のメシべにつけて子どもをつくると、子どもに「花粉をつくることができない」という性質が表に出てくる確率が高くなるのです。

といっても、自分のメシべに自分の花粉がついてタネができると、子どもの数が増えます。また、そのタネは新しい生育地に移動して育つこともあるでしょう。また、タネは、夏の暑さや冬の寒さ、乾燥などの不都合な環境に耐えることもできます。

そのため、植物たちにとっては、たとえ自分の花粉が自分のメシべについてできるタネであっても、それなりの価値はあります。しかし、別の株に咲く花の花粉をメシべにつけて子どもをつくるのに比べると、自分の花粉を自分のメシべにつけてタネをつくるのは、利益が少ないのです。

だからこそ、多くの植物は、ひと花咲かせたあと、オシべの花粉を別の株のメシべに出会わせたいのです。メシべは自分の子どもをつくるために、別の株の花粉を受け取りたいのです。これを動きまわることなくやり遂げるのは、大仕事です。

近親婚《きんしんこん》を避けた方がよいのは、同じ生き物である私たち人間にも当てはまります。私たち人間の場合には、同じような遺伝的な性質をもつ近親間での結婚は、法律で禁じられています。

民法の第四編「親族」の第二章「婚姻」にある第七三四条の「近親者間の婚姻の禁止」には、「直系血族又は三親等内の傍系血族の間では、婚姻をすることができない」という定めがあります。

たとえば、兄弟姉妹は二親等ですから、法律的に結婚はできません。おじさんと姪や、おばさんと甥の関係でも、三親等以内ですから、結婚は認められていません。それに対し、いとこ同士は四親等に当たる関係ですから、いとこ同士の結婚は法律的に認められています。

植物たちは、近親間の交配が生物学的に良くないということを誰に教えてもらうわけでもありません。また、法律があるわけでもありません。しかし、健全な子孫をつくるためには、しない方がいいことをきちんと心得ているのです。〝あっぱれ〟とほめてやらずにはいられません。

ひと味違う婚活

二〇〇八年三月に、『「婚活」時代』(山田昌弘・白河桃子著、ディスカヴァー・トゥエンティワン)という本が出版され、多くの人々に読まれました。その中で、私たち人間の「結婚するための活動」を意味する「婚活」という語が生まれました。その後、「婚活」という語は広く使われ、その年、流行語大賞の候補にあがりました。この語が多くの人々に知られるにつれ、婚活をする人々が増えました。

婚活は、幸せな結婚をするための相手を求めて活動をすることです。生物学的にいえば、子どもを残すために、オスがメスを求め、メスがオスを求める活動です。そのため、「婚活は、人間だけでなく、オスとメスのように性が分かれている動物でも行われる活動」と考えることができます。

動物がウロウロと動きまわる理由の一つは、「生殖の相手を探し求めるため」です。動物はオスとメスが合体して、子孫を残します。だから、相手が必要です。そのために、相手を探し求めて動きまわります。動物が「生殖の相手を探し求めて」ウロウロと動きまわる理由は、「婚活である」と考えていいでしょう。

では、動きまわることのない植物たちに、婚活はないのでしょうか。「植物たちは動きまわることができないので、婚活はできない」と考える人も多いでしょう。しかし、植物たちも、動物と同じように、次の世代へ命をつなぐために、子どもを残します。

子どもを残すために、多くの植物は、オシベの花粉を別の株のメシベに出会わせたいのです。メシベは、別の株の花粉を受け取りたいのです。そのため、植物たちも、子どもをつくるために相手が必要であり、その相手を求めなければならないのです。ですから、植物たちも婚活をしなければなりません。

私たち人間を含めた動物の婚活では、出会いの場を求めてウロウロと動きまわることが大切です。相手を自分で見つけなければならないからです。しかし、植物たちは、生殖の相手を探し求めてウロウロと動きまわったりしません。そのため、動きまわることのない植物たちの婚活は、私たち人間を含めた動物の婚活とは、ひと味違ったものになります。

花がいわれたい「ほめ言葉」は？

花の美しさや可憐《かれん》さに気を取られているとついつい忘れがちですが、花は植物たちの生殖器官です。だから、植物たちは、子どもであるタネをつくるために、花々を咲かせるのです。私たちは花を見て、「きれい」とか「美しい」とか「かわいらしい」などの言葉を、花をほめるように使います。もし植物たちがそんな言葉の意味がわかれば、悪い気はしないでしょう。

でも、ひょっとすると、植物たちはそれらのほめ言葉に物足りなさを感じているかもしれません。「自分には、なくてはならない魅力がもう一つ不足しているのではないか」と悩んでいるかもしれません。なぜなら、花は生殖器官です。だから、花を咲かせた植物たちがほんとうにいわれたがっている言葉は、別にあるはずです。その言葉は、「うわぁ、セクシィー！」です。

植物たちは、タネから芽や根を出したときには、生殖器官である花をもっていません。そのため、植物たちの場合、婚活をはじめる時期はわかりやすいです。植物たちが婚活をはじめるのは、生殖器官である花が咲いたときです。

それに対し、多くの動物は、すぐに役に立つかどうかは別にして、生まれたときに生殖器官をもっています。そのため、多くの動物では生まれたときに、オスかメスかの判別ができます。生まれたときからもっている生殖器官が成熟すれば、動物は婚活をはじめます。しかし、生殖器官が成熟するのは、外からはわかりにくく、動物の婚活がいつからはじまるかは、予想しにくいのです。

特に、私たち人間の場合には、生物的に生殖器官が成熟していても、婚活をはじめる時期はかなり幅広く自由です。婚活情報の宣伝などでは、「早ければアラハタですが、アラサーでも、アラフォーでも大丈夫」といわれます。

アラサーやアラフォーは、それぞれ、アラウンド・サーティとアラウンド・フォーティの略語であり、三〇歳前後、四〇歳前後を意味します。たとえ年齢的にアラフォーを超えたとしても、私たち人間が婚活をはじめるのに、支障はありません。

「アラフォー」は、テレビドラマのタイトルのもとにもなり、女優・天海祐希主演で、一躍人気となった語です。しかし、「アラハタ」という語をはじめて耳にしたとき、何のことかわからず、「何かの語を聞きまちがえたのか」と思いました。

しかし、次に「アラハタ」という文字をはじめて目にしたときには、「聞きちがい」あるいは「見まちがい」ではすまされず、「何なのか」と考えねばなりませんでした。まさか、「アラウンド・ハタチ（二十歳）」の略で、二〇歳前後をさす言葉とは、思い至りませんでした。

「『アラハタ』というのは、誰が言いはじめた言葉なのか」という疑問はさておき、人間が婚活をはじめる時期は、アラハタから何十年にわたって可能です。日本人の場合、男性の平均寿命は約八〇歳、女性の場合は八五歳を超えています。その生涯にわたって、婚活をはじめるチャンスはいくらでもあります。

そう考えると、婚活を行うのが可能な期間は、植物たちと私たち人間とでは、ずいぶん異なります。多くの草花たちは、一〜二年間の生涯です。しかも、花を咲かせる季節は、その生涯に一度しかありません。そのため、婚活ができるチャンスは、一〜二年間の生涯に一度訪れる、花の咲く季節に限定されています。

たとえば、タンポポやナノハナ、レンゲソウの花は、春に咲きます。初夏にカーネーション、夏にはアサガオやヒマワリ、オシロイバナ、秋にはキクやコスモスなどが咲きます。それぞれの草花たちは、決められた季節に一度だけ花を咲かせて、婚活をするのです。

植物でも樹木なら、その寿命は長く、何十年、何百年にもわたって花を咲かせ、実をつけます。実の中にはタネがありますから、子どもをつくるための婚活は何年にもわたって行われていることになります。それでも、婚活する季節は、花が咲く時期に限られます。寿命の長い樹木であっても、婚活は毎年限られた花の咲く季節の中だけで行われなければならないのです。

私たち人間や動物の婚活は、出会いの場を求めてウロウロと動きまわって行われます。それに対し、植物たちの婚活は、動きまわらずに行われます。そのため、「植物たちの婚活は、ひと味違っています」と、紹介しました。

しかも、ここまで説明したように、多くの草花たちは、生涯で一度だけの花を咲かせる季節に、婚活をしなければなりません。また、寿命の長い樹木たちでも、ごく限られた花を咲かせる季節の中だけで、婚活をしなければなりません。そのため、植物たちの婚活は、私たち人間や動物の婚活とは、ひと味どころではなく、ふた味も三味も違ったものにならざるを得ません。

(二) 近親婚の避け方

花の中は、「家庭内別居」

多くの植物では、オシベとメシベが同じ花の中にあります。オシベがオスの生殖器、メシベがメスの生殖器です。このような花は、両方の性を備えているという意味で、「両性花《りょうせいか》」といわれます。植物たちは、いろいろな環境で生きていけるように、いろいろな性質をもつ子ども

花の模式図

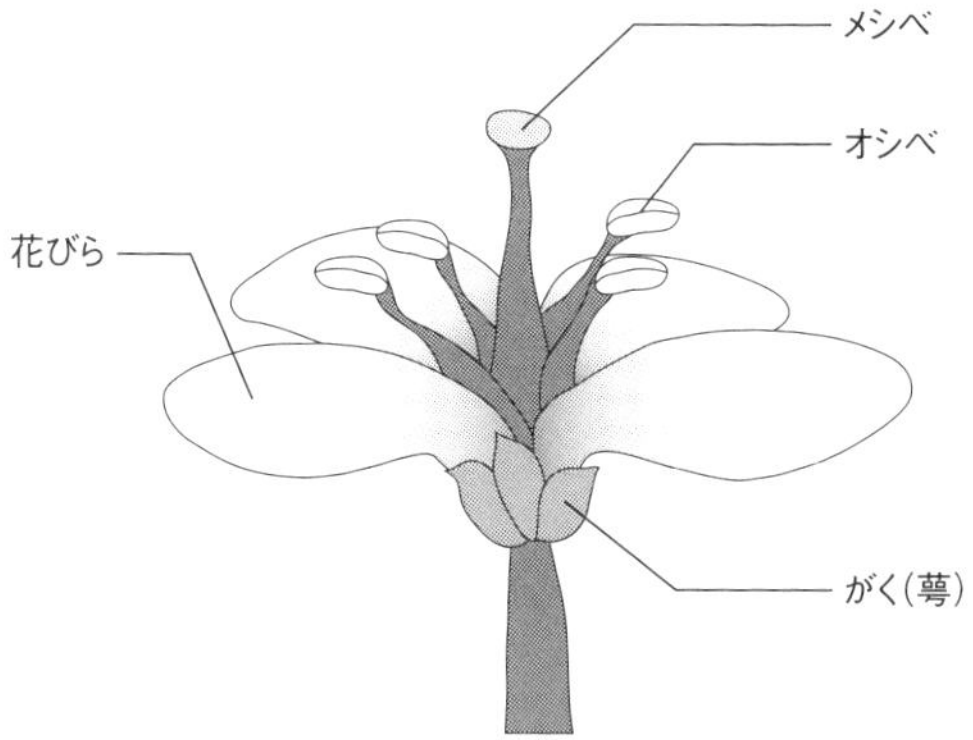

をつくろうとしています。そのため、自分の花粉が自分のメシベにつくのをできるだけ避けるための工夫を凝らし、巧妙なしくみを身につけています。

オシベとメシベをもつ両性花をよく観察してください。多くの花で、メシベはオシベより背を高く伸ばして上に位置し、同じ花の中にあるオシベの花粉がつくことを避けています。もし逆に、オシベが上にありメシベが下にあると、オシベから自分の花粉がポロポロと下にこぼれ落ち、メシベについて子どもができてしまいます。

また、多くの花は真上ではなく、横向きに咲いています。それらの花では、メシベはオシベより長く伸び、オシベの先がメシベの先に届かないようになっています。メシベは「他の株の花粉が欲しい」という強い思いをもっているようです。同じ花の中のオシベにすれば、「他の株の花粉が欲しい」と高く長く伸びているメシベを見て、「何と強い浮気心をもっているのだろう」と思っているかもしれません。

一方、オシベは、メシベに届かぬ腹いせではないでしょうが、メシベより低いところで、メシベからそっぽを向くように反り返って離れています。オシベはオシベで、同じ花のメシベに花粉がつくことを避け、別の株のメシベに花粉をつけることを望んでいるのです。

一つの花を一軒の家とし、オシベを「お父さん」、メシベを「お母さん」にたとえると、お互いが離れて接触することを避けているのです。ですから、一つの花の中では、「家庭内別居」の状態で、「子どもをつくらないでおこう」としていることになります。

私たち人間の場合、「お父さん」、「お母さん」は、別々の両親から生まれたのですから、遺伝的に性質が異なります。「夫婦は他人」、あるいは、「夫婦に血のつながりはない」と表現される関係です。

それに対し、同じ花の中に生まれてきたオシベとメシベは、同じ植物のからだから生まれたものです。だから、オシベの花粉が同じ花の中にあるメシベについて子どもをつくることは、近親結婚になってしまいます。それは好ましくありません。

それを避けるために、オシベとメシベは、高さや長さを変えていたり、互いにそっぽを向いて離れていたりして、なるべく接触しないように位置しているのです。つまり、『『家庭内別居』の状態で、近親結婚を避けている」といえます。

両性花を咲かせる植物の中には、もっとはっきりと、近親結婚を避けるしくみを身につけている植物たちがいます。そのしくみの代表的なものが、「雌雄異熟《しゆういじゅく》」というものです。画数の多いむずかしそうな漢字が四文字も並びますが、意味はそんなにむずかしくありません。

書かれている字の通りで、「一つの花の中にあるメシベ（雌）とオシベ（雄）が異なる時期に成熟する」という意味です。同じ花の中では、オシベとメシベが成熟する時期がずれているのですから、自分の花粉がメシベについて、子どもができる心配がありません。

たとえば、モクレンでは、花が咲いたときに、花の中央にあるメシベが成熟しています。でも、メシベのまわりにあるオシベは成熟していないので、花粉を出していません。だから、中央の成熟したメシベに、同じ花の中にあるオシベの花粉がつくことはありません。メシベは、別の株の花粉がつくのを待っています。

メシベが萎《しお》れて子どもをつくる能力をなくしたころに、ようやく、メシベのまわりにオシベが成熟して花粉を出してきます。メシベは萎れていますから、同じ花の中で、オシベの花粉がそのメシベについて子どもができることはないのです。オシベの花粉は、別の株に咲く花のメシベに運ばれることが期待されているのです。

これは、メシベがオシベより先に熟しているので、「メシベ先熟《せんじゅく》」といいます。一つの花で、オシベとメシベが、お互いに成熟する時期をずらして接触することを避けているのです。「すれ違い夫婦」と考えれば、わかりやすいです。

モクレン以外にも、コブシやタイサンボク、サルビア、オオバコなどがこの性質をもっていて、やっぱり、自分の花粉が同じ花の中の自分のメシベについて子どもができることを避けています。

逆の場合もあります。キキョウでは、ツボミが開いたときには、花の中に、オシベとメシベの姿はありません。数日が経過すると、オシベが出てきて、黄色い花粉をたくさん出します。さらに、数日が経ち、黄色い花粉がなくなるころに、メシベが出てきます。

メシベが成熟した状態になったとき、まわりのオシベにあった花粉は、ハチやチョウなどに運ばれてしまって、すっかりなくなっています。そのため、同じ花の中で、オシベの花粉がメシベについて、子どもができることはないのです。

これは、オシベがメシベより先に熟しているので、「オシベ先熟」といいます。ユキノシタ、ホウセンカなどが、この性質をもっており、自分の花粉が自分のメシベについて子どもができることを避けています。メシベは、別の株に咲く花の花粉が運ばれてくるのを待っています。

両性花という言葉からは、「一つの花の中にオシベとメシベがあり、そのオシベの花粉がメシベについてタネをつくる」と思われがちです。でも、そうではないのです。「両性花は、一つの花の中のオシベとメシベが、お互いの接触を避けて、健全な子どもづくりを目指している」と理解するのがいいのです。

結局、植物が花粉をつくるのは、その花粉を別の株に咲く花につけるためです。また、植物がメシベをつくるのは、別の株に咲く花でつくられた花粉を受け取るためなのです。そのため、両性花を咲かせる植物たちは、生殖の相手を求めて、積極的な婚活をしなければなりません。

節度の守り方

「花粉がメシベの先端につくと、タネができる」といわれます。しかし、タネをつくるのは、そんなに簡単ではありません。実際には、花粉がメシベの先端についただけでは、タネはできません。もし花粉がメシベの先端についただけでタネができるのなら、タネはメシベの先端にできるはずです。

ところが、タネはメシベの先端にはできず、メシベのつけ根あたりの基部《きぶ》にできます。「花粉はメシベの先端につくのに、なぜ、タネはメシベの基部にできるのか」という疑問が生まれるはずです。この不思議を考えてみましょう。

植物の生殖では、動物の場合と同じように、メシベのもつ卵と、花粉の中にあるオスの配偶《はいぐう》子《し》が合体して、子ども（タネ）が生まれます。卵は、タネをつくる植物の場合、「卵」といわれるより、「卵細胞」とよばれることが多いです。

卵細胞は、長いメシベの先端ではなく、メシベの基部にあります。だから、メシベの先端についた花粉の中にあるオスの配偶子は、卵細胞と合体してタネをつくるためには、メシベの基部まで行きつかねばなりません。

動物の場合、オスの配偶子である精子は「鞭毛《べんもう》」という泳ぐ用具をもっており、自分自身で泳いで卵に行きつくことができます。たとえば、私たち人間の精子は、「卵に向かって、毎分数ミリメートルの速さで泳ぐ」といわれます。といわれても、実感がわきません。

実感がわくように、少していねいに考えましょう。精子の長さは、約六〇マイクロメートルです。一マイクロメートルは一ミリメートルの一〇〇〇分の一です。だから、六〇マイクロメートルというのは、〇・〇六ミリメートルです。

ですから、「毎分数ミリメートルの速さで泳ぐ」といわれる「数ミリメートル」を三ミリメートルのことだと考えると、〇・〇六ミリメートルの精子が、「毎分、自分の身長の約五〇倍の距離を泳ぐ」ことを意味します。人間にたとえるなら、身長一・六メートルの人が、一分間に約八〇メートルを泳ぐことを意味します。精子は、卵を求めて、ものすごいスピードで泳ぐのです。

花粉管の模式図

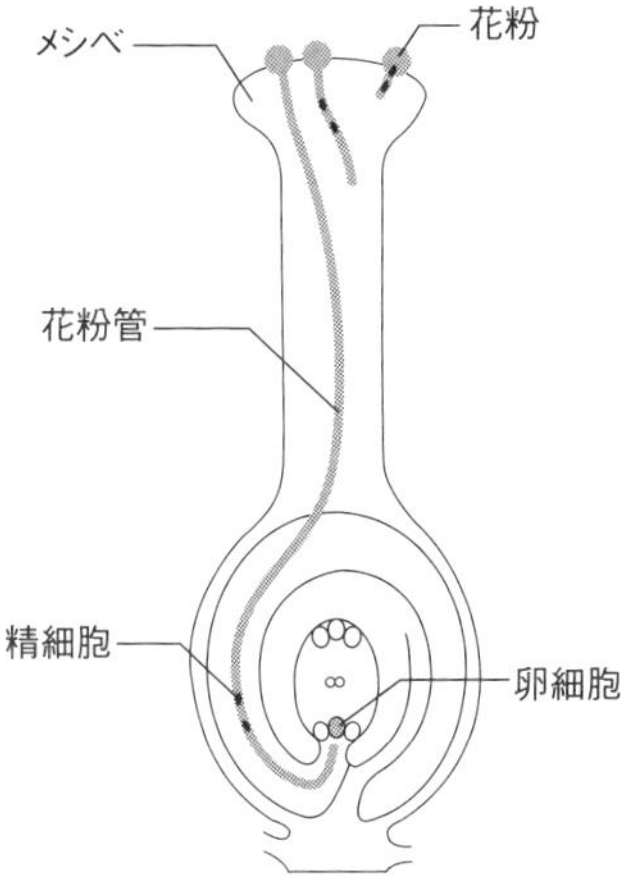

花粉はメシベの先端につくと花粉管を伸ばしはじめます。卵細胞のごくかたわらまで伸び、管の中を精細胞を移動させて卵細胞にたどりつかせます。

動物の精子に当たるものは、植物の花粉の中にあり、「精子」といわずに「精細胞」といいます。「精細胞」は、精子と違って、泳ぐことができません。だから、たとえ花粉がメシベの先端についても、精細胞には自分自身で泳いで、メシベの基部にある卵細胞に行きつく能力はありません。

　ということは、花粉がメシベの先端についても、タネができるためには、卵細胞のあるところまで精細胞が到達する方法がなければならないのです。何かが卵細胞のあるところまで精細胞を導かないと、精細胞は卵細胞と合体できないのです。

　そこで、花粉がメシベの先端についたら、花粉は「花《か》粉《ふん》管《かん》」という管を伸ばしはじめます。花粉管がメシベの基部にある卵細胞のごくかたわらまで伸び、その中を精細胞を移動させて卵細胞にたどりつかせるのです。そこで、やっと精細胞は卵細胞と合体し、タネができます。だから、タネはメシベの先端ではなくメシベの基部にできるのです。つまり、花粉がメシベについても、花粉管が伸びなければ、タネはできません。

自分の花粉を自分のメシベにつけて子どもをつくりたくない植物は、自分の花粉がメシベについたときには、花粉から花粉管を伸ばさせません。そのため、そのような植物の場合には、花粉の中にある精細胞とメシベの基部にある卵細胞が出会って合体することはありません。ということは、タネはできないのです。

自分の花粉が自分のメシベについてもタネをつくらない性質は、「自家不和合性《じかふわごうせい》」といわれます。自分の花粉ではなく、別の株の花粉がついた場合には、花粉管が伸び、花粉管内の精細胞とメシベの基部にある卵細胞が合体して、タネができます。ですから、この性質をもっていると、タネをつくるためには、必ず別の株に咲く花の花粉がつかねばなりません。

この性質をもつ植物は、自分の花粉と別の株の花粉を見分けているのです。アブラナ科やキク科、ナス科やマメ科などにこの性質をもつ植物が多いことが知られています。栽培果樹であるナシやリンゴ、サクランボなども、この性質をもつ代表的な植物です。だから、「自分の花粉を自分のメシベにつけて、子どもをつくらない」という節度を守っています。そのために、これらの植物は積極的に婚活をしなければなりません。

「ふじ」のタネを植えても、「ふじ」はできない

自分の花粉が自分のメシベについてもタネをつくらない「自家不和合性」という性質は、植物にとっては、近親なもの同士の交配を防ぎ、健全な子どもを生むために大切なものです。しかし、果樹園の栽培者にはやっかいな性質です。

果樹園内に、ナシの「二十世紀」やリンゴの「ふじ」などの同じ品種の株だけを植えると、自家不和合性のためにタネはできません。植物が実をつくるのは、動物に食べてもらい、その中のタネを糞といっしょにどこかにまいてもらうためです。そうすれば、植物は自分が動きまわることなく生育地を広げることができるからです。ですから、タネができなければ、「タネなし果物」などの特別な場合を除いて、実はできません。

自家不和合性が「自分の花粉を自分のメシベにつけても、タネや実をつくらない性質である」ということを理解すると、一つの疑問が浮かびます。「ナシやリンゴを栽培する果樹園内には、隣り合って多くの株がある。だから、自分の花粉では駄目でも、隣の株の花粉ではいいのではないのか」というものです。

ところが、隣の株の花粉では役に立たないのです。その理由は、これらの株がどのようにし

て増やされているかを知れば、わかってもらえます。リンゴの「ふじ」という有名な品種を例に紹介します。

「ふじ」は、「国光」という品種を母親とし、「デリシャス」という品種を父親として、一九三九年、青森県の園芸試験場で生まれました。「国光」と「デリシャス」を交配して約二〇〇〇粒のタネが得られました。正確には、二〇〇四粒といわれています。これらのタネから育ってくるリンゴの木は、両親が同じですから、お互いに性質がよく似ています。でも、まったく同じではありません。

このことは、私たち人間で考えればわかりやすいです。同じお父さんとお母さんから二人以上の子どもが生まれた場合を考えてください。生まれた子どもたちの顔立ちや体つき、性格は、同じ両親から生まれたのですから、お互いに似ていることはあります。けれども、まったく同じではありません。一卵性の双性児などの場合をのぞき、同じ両親から何人の子どもが生まれようとも、似てはいても、まったく同じではありません。

そのため、つくられたすべてのタネを育てて、その中から、成長が良くて病気に強い芽生えを選りすぐって、実をならせるまで栽培を続けます。そして、きれいな色や形をした、おいしい味の実をたくさんつける木を選ぶのです。そのようにして、選ばれたのが、「ふじ」と名づけられた株です。でも、このときには、この株は一本しかありません。これを増やすために、

「接《つ》ぎ木」が行われます。

接ぎ木は、根を生やして育つ近縁《きんえん》の植物の茎や幹の上部を切り落とし、その切断面に割れ目を入れて「台木」とし、台木の割れ目に増やしたい株の茎や枝を挿し込んで癒着《ゆちゃく》させ、二本の植物を一本につなげてしまう技術です。

現在、「ふじ」を栽培する果樹園内には、「ふじ」の株が隣り合ってたくさん植えられています。「ふじ」のような果物のブランドは、隣り合って植えられている、どの株にできた実であっても、同じものでなければなりません。

果樹園内に「ふじ」の株が何本あっても、色、形、味、香り、大きさなど、みんな同じ品質のものをつくらなければならないからです。一つの果樹園だけでなく、どこの果樹園で栽培されていようと、「ふじ」という品種名である限り、色、形、味、香り、大きさなど、みんな同じでなければなりません。同じだからこそ、消費者は安心して「ふじ」を購入します。もし違っていれば、「ふじ」というブランドとしての名前は保てません。

このような同じ性質の実をならせるために、「ふじ」という品種のすべての株は、遺伝的にまったく同じでなければなりません。そのためには、接ぎ木で増やされなければならないのです。接ぎ木で増やせば、「台木に接ぎ木された枝が成長した株」と「接ぎ木に使われた枝を提供した株」とは遺伝的にまったく同じ性質です。

「ふじ」の果樹園で栽培されている株は、何本あっても、接ぎ木で増やされたものですから、遺伝的にまったく同じなのです。そのため、隣の株の花粉がついても、自分の花粉がついたのと同じで、タネはできず、実はなりません。

たとえ別の果樹園で栽培されている「ふじ」であっても、「ふじ」である限り、接ぎ木で増やされているので、遺伝的にまったく同じです。だから、別の果樹園の「ふじ」の花粉がついても、自分の花粉がついたのと同じで、タネはできず、実はなりません。

すべての株が、直接、最初の株の枝を接ぎ木されているわけではありません。しかし、接ぎ木に使われた枝のもとをたどれば、一本の最初の原木にたどりつきます。つまり、リンゴなどのブランドの果物の品種には、「自分の花粉が自分のメシベについてもタネをつくらない」という自家不和合性を超えて、「同じ品種の花粉が自分のメシベについても、タネをつくらない」という性質があるのです。

そのため、多くの場合、果樹園で実をならせるためには、別の品種の花粉を、人工的にメシベにつけてまわる必要が出てきます。それが「人工授粉《じんこうじゅふん》」とよばれる作業です。「人工授粉」とは、栽培している品種とは別の品種の花粉を、栽培しているナシやリンゴなどの花に人為的につけてまわるのです。人間がハチやチョウチョなどの虫の代わりをするのです。ナシの「二十世紀」やリンゴの「ふじ」などを栽培する果樹園で、春の風物詩となっています。

もし人工授粉をしないのなら、実をならせるためには、果樹園内に、花粉を提供する別の品種の木をわざわざ植えておかねばなりません。この木は、「授粉樹」とよばれます。たとえば、リンゴの「ふじ」の果樹園といいながら、「国光」や「デリシャス」などの別の品種を混在させねばなりません。この場合、人工授粉をしなくても、タネをつくり、実をならすことができます。ハチやチョウチョが、授粉樹の花粉を運んでくれるからです。

人工授粉や授粉樹のことを知らなければ、「ふじ」の木にできたリンゴは、親の「ふじ」の遺伝子を一〇〇パーセント受け継いでいると思われます。だから、その実の中にあるタネをまけば、「ふじ」が育つと思われがちです。

でも、ぜんぜん違う性質の芽生えが出てくるでしょう。実の色や味や形、香りや大きさなど違うかもわかりません。父親は他の品種だからです。メシベの「他の株の花粉が欲しい」という強い浮気心が実って、「他の株の子どもをつくった」ということになります。

「セクシィー！」を超えた「あっぱれ！」

子どもが他人の子どもだとわかったら、私たち人間の場合は、「仲がいいように見えた夫婦だったのに」と残念そうな言葉が聞こえてくるでしょう。でも、植物たちにその言葉は当たりません。健全な子孫を残すために、きちっと「自分の花粉を自分のメシベにつけて子どもをつくらない」という、植物なりの節度が守られていた結果です。

リンゴの有名ブランドである「ふじ」で紹介してきましたが、ナシの「二十世紀」やサクランボの「佐藤錦」なども、接ぎ木で増やされています。果樹でなくても、サクラの「ソメイヨシノ」でも同じです。

ソメイヨシノは、江戸時代の末期から明治の初めごろに、江戸の「植木の里」といわれた染《そめ》井村《いむら》（現在の東京都豊島区駒込あたり）で生まれました。「父親が『オオシマザクラ』という品種で、母親が『エドヒガン』という品種である」とする説や、「父親が『オオシマザクラ』で、母親が『コマツオトメ』である」という説などがあります。

「両親の品種が何であるか」はさておき、生まれたソメイヨシノは、「葉が出るより先に花が咲く」「大きなやさしい色の花が咲く」「花の数がすごく多い」などという、美しく見えるための性質を身につけています。そのため、生まれたあと人気が出て、いろいろな場所に植えられました。

そのための苗木は、タネから得られたものではありません。ソメイヨシノの場合、まったく同じ性質をもった木を増やすためには、接ぎ木しか方法がないのです。現在、ソメイヨシノが何万本あるか、何十万本あるかわかりませんが、「植木の里」で生まれた一本の苗木から、接ぎ木で増やされてきたのです。

これまで、紹介してきたように、「両性花」といっても、いろいろな工夫やしくみで、自分の花粉を自分のメシベにつけて、タネをつくらないようにしています。だから、両性花を咲かせる植物たちにとっては、婚活が必要なのです。

咲いた花がほんとうにいわれたがっているほめ言葉は「うわぁ、セクシィー！」と紹介しました。しかし、セクシィーな花の中に、いろいろな工夫やしくみが込められていることを知ると、「セクシィー！」を超えたほめ言葉を探さねばなりません。アメリカ人なら、「ブリリアント」や「アドミラブル」「スプレンディッド」などという言葉を使うかもしれません。でも、日本で育つ植物たちには、〝あっぱれ〟という語がふさわしいでしょう。それで足りなければ〝あっぱれ！　あっぱれ！〟でどうでしょうか。

（三）ひとり暮らしの植物たちは……

「実がならないサンショウの木」とは？

芽が「木の芽和《あ》え」に使われ、果実は「小粒でもピリリと辛い」といわれ、枝や幹は「すりこぎ」に使われる植物があります。山に自生していることもあり、家の庭に植えられることもある植物です。春には、黄色がかった小さな花を多く咲かせます。この植物は、何でしょうか。

サンショウ（山椒）です。比較的身近にある植物なのですが、多くの人々に、その木の性質がよく知られていません。そのため、「隣の家のサンショウの木には実がなるのに、自分の家のサンショウの木には、花は咲くが実がならない。どうすれば実がなるのだろうか」というような悩みが生まれます。

この悩みに対しては、有効な解決策はないでしょう。実がならないことに他の理由がある可能性が考えられないわけではありませんが、たぶん、男の人が子どもを産めないのと同じ理由です。だから、どんなに努力して世話をしても、その木には実がなりません。

サンショウでは、オスとメスの個体が別々の木に分かれているのです。植物の場合、ふつうには、オスとメスという語を使わず、オスの木を雄株《おかぶ》、メスの木を雌株《めかぶ》といいます。動物のオスに当たるのが雄株であり、メスに当たるのが雌株です。

雄株は雄花《おばな》を咲かせ、雌株は雌花《めばな》を咲かせます。雄花はオシベがあって花粉をつくる花で、雌花はオシベがなくてタネや実をつくる花です。そのため、子ども（タネ）をつくるためには、雄株の雄花にできた花粉が雌株に咲く雌花につかねばなりません。その結果、タネができ、実がなります。

隣の家の実のなるサンショウの木は、雌株です。その木は、悩みの対象である「花は咲くが、実のならない木」の花粉のおかげで、実をつけている可能性が高いです。ですから、「隣の家の木にできたサンショウの実の半分の権利は、『花は咲くが、実のならない木』を栽培している人のものである」といってもいいかもしれません。

法律では、このような権利は認められていないでしょう。しかし、隣の家の方が「サンショウは雄株と雌株がそろって、はじめて実がなる」というしくみをよく理解されていたら、できたサンショウの実を少しは分けてもらえるのではないでしょうか。

このように、植物たちにも、オスとメスの個体がはっきりと別々のものがあるのです。サンショウに雄株と雌株があることはあまり知られていませんが、よく知られているのは、イチョウです。イチョウには、雄株と雌株があります。子どもであるギンナンができるのは雌株だけで、雄株にはできません。

サンショウやイチョウのように、雄花を咲かせる雄株と雌花を咲かせる雌株が別々の異なった株になっているのは、「雌雄異株《しゆういしゆ》」といわれます。「雌雄異株」というのは、むずかしそうな漢字が四文字も並ぶ言葉で、ふつうは、あまり目にしません。だから、このような性質の植物はめずらしいように思われがちです。

ところが、この性質の植物は、身近に意外と多くあります。サンショウやイチョウをはじめ、ソテツ、クワ、アオキ、キウイ、ハナイカダ、ヤナギ、イチイ、キンモクセイ、ギンモクセイ、ポプラ、ジンチョウゲ、ゲッケイジュなどです。

野菜にも、「雌雄異株」はあります。アスパラガスやホウレンソウなどです。これらは、花が咲く前に食べられるために、早く収穫されます。だから、雄花、雌花を目にする機会はほとんどありませんが、雄株、雌株が別々です。

また、春の訪れを告げる代表的な山菜であるフキも「雌雄異株」です。春早くに「フキノトウ」とよばれるツボミが出てきたときに、それが雄花か雌花か判別するのはむずかしいです。でも、少し日が経つと、雄花は花粉の色が黄色味を帯びてきます。雌花は白く、黄色味を帯びませんから、その時点で、判別できます。

これらは、私たちが食べる植物ですから、「食べたときの味は、雄株と雌株で違うのか」ということが気になります。ホウレンソウやフキノトウは、「雄株と雌株で、味が違う」とはあまりいわれません。でも、アスパラガスは、多くの人に「雄株の方がおいしい」といわれます。

雑草でも、イタドリやスイバなどが雌雄異株です。これらはごく身近に生えている植物です。しかし、繁殖しすぎて嫌われる植物ですから、花が咲き、タネができるまで、抜かれたり刈られたりせずに育っているのは、めずらしいかもしれません。

もしも出会う機会があったら、雄花を咲かせる雄株と、雌花を咲かせる雌株があることを、是非、観察してください。あるいは、タネをつくる株と、タネをつくらない株があることを確認してください。

雌雄異株の植物たちは、動物と同じように、オスとメスが別々の個体に分かれています。雌株は自分の命を次の世代に伝えるために、雄株の花粉を受け取らねばなりません。雄株は自分の遺伝子を次の世代につなぐために、その花粉を、子どもをつくってくれる雌株の花に出会わさなければなりません。

だから、雌雄異株の植物たちは、雌株も雄株も子どもをつくるために、相手を探し求める「婚活」をしなければならないのです。

なぜ、雄花と雌花があるの?

ＮＨＫのラジオ番組に「夏休み子ども科学電話相談」というのがあります。全国の幼児、小学生、中学生が、植物、動物、宇宙などについての素朴な疑問を電話で寄せてきます。私は、植物についての質問の回答者の一人として、二〇〇七年から毎年、出演しています。

その番組に、「なぜ、ゴーヤは、雄花と雌花を別々に咲かせるのですか」という質問が寄せられました。質問の通り、ゴーヤは、一株に雄花と雌花を別々に咲かせます。この質問に対する答えは、今までの話をよくわかっていただけていたら簡単です。

オシベとメシベを同じ花の中にもつ両性花であっても、同じ花の中で、オシベの花粉をメシベにつけたくないのです。だから、オシベとメシベがいっしょにいても、自分の花粉が自分のメシベにつかないようにしているのです。

ですから、「オシベとメシベが『いっしょにいても仕方がないので、それなら、離れて暮らしましょうか』と考えて分かれた植物です」というのが答えです。その意味は理解してもらえるでしょうが、復習を兼ねて、きちんと整理しておきましょう。

イチョウやサンショウのように、雄株と雌株が別々の個体になっているのは、「雌雄異株」といわれます。それに対し、ゴーヤのように、同じ一本の株に、「オシベだけをもつ花」である雄花と「メシベだけをもつ花」である雌花を、別々に咲かせる植物があります。これらは、雄花と雌花が同じ株に咲くので、「雌雄同株《しゆうどうしゅ》」といわれます。

雌雄異株の植物の場合なら、実のならない株があります。ギンナンのできないイチョウや、花は咲くが実のならないサンショウなどです。だから、少し注意して観察していれば、雌雄異株の植物はわかりやすいです。

ところが、雌雄同株の植物は一本の株に雄花と雌花を別々に咲かせますが、すべての株に実はなります。一つの花の中にオシベとメシベがある両性花を咲かせる植物も、すべての株に花が咲き、すべての株に実がなります。

だから、雌雄同株の植物は、すべての株が実をつけるという点で、見かけ上、両性花を咲かせる植物と同じです。そのため、花をよく観察しないと、雌雄同株の植物と両性花を咲かせる植物との区別はつきにくいのです。調べてみると、雌雄同株の植物は身近に多くあります。

野菜なら、ゴーヤをはじめ、キュウリ、カボチャ、スイカ、メロン、ヘチマなどウリ科の植物が雌雄同株です。他には、トウモロコシや、栽培草花のベゴニア、雑草のギシギシ、カラスウリなどです。樹木なら、スギ、マツ、ヒノキ、モミ、カキ、クリなどです。

雄花と雌花が別々に分かれている場合は、タネは片方にしかできません。また、雄花の花粉と雌花のメシベが出会わないと、タネができません。これは、そのまま、雌雄異株の植物にも当てはまります。雄株と雌株が別々の個体に分かれていると、雄花の花粉と雌花のメシベがうまく出会わないと、タネができません。うまく出会えたとしても、タネは片方の株にしかできません。

「なぜ、そんなに不便な生殖の方法をとる植物たちが多くいるのだろうか」と、不思議に思われることがあります。その疑問は、生き物が子どもをつくる際に重要なのは、「いろいろな性質の子どもをつくること」であると、思い出してもらえれば解けます。

雄株と雌株が別々になっている雌雄異株の植物では、雄株の花粉が雌株の雌花のメシベにつくことで、子どもであるタネができます。だから、雄株の個体のもつ性質と雌株の個体のもつ性質が混ぜ合わされて、いろいろな性質の子どもが生まれます。

雌雄同株の植物では、同じ株に咲いた花の花粉が雌花のメシベにつくことはあるでしょう。

しかし、一つの花の中に、オシベとメシベの両方が隣り合うようにある両性花に比べて、雄花の花粉が別の株のメシベにつく可能性は高いです。また、雌花のメシベが別の株の花粉を受け入れる可能性が高くなります。だから、別の株の花粉がついてタネができる可能性が高く、いろいろな性質の子どもが生まれます。

雌雄異株や雌雄同株の植物たちは、「オスとメスに性が分かれた有性生殖の意義をよくわきまえた植物たち」といえます。このような植物たちは、生殖の相手との出会いを求めるための婚活の大切さをよく理解しているはずです。

同じ番組に、「キュウリを栽培しているが、せっかく咲いた花が実をつけずに落ちてしまいます。なぜですか」という質問が寄せられたことがあります。キュウリは、同じ株に雄花と雌花を別々に咲かせる植物です。雌花には果実であるキュウリを実らせる役割があるので、落ちてはいけません。もし雌花が落ちるようなら、肥料の与え方や水の与え方、日当たりなどの栽培がされている条件について考えねばならず、ちょっと深刻な問題で簡単に答えられるものではありません。

そこで、「落ちる花の基部に小さなキュウリのようなものがついていますか」と、確認しました。幸いなことに、質問してきた子どもの答えは、「落ちる花の基部には、キュウリのようなものがついていない」とのことでした。それなら、何の問題もありません。

キュウリの雌花には、花が咲いたときに小さなキュウリのようなものがすでについています。だから、ついていないのなら、落ちる花は雄花です。雄花は、花粉をつくり、その花粉を雌花につけるだけの役割です。ですから、その役割が終われば、落ちてしまってもいいのです。すべての花がメシベをもつ両性花と違い、雄花は落ちるのです。キュウリが雌雄同株であることを知っていれば何の不思議もない現象なのですが、知らなくてその現象に気づくには、よほどの観察眼が必要です。

質問を寄せた子どもは、キュウリにすごい愛情をもって、毎日観察しながら栽培しているのでしょう。そんな姿が目に浮かんでくるような質問でした。

なぜ、家庭菜園のトウモロコシは歯抜け?

市販されているトウモロコシの実は、びっしりと詰まっています。ところが、家庭菜園でトウモロコシを栽培すると、どうしても、〝歯抜け〟のような状態のトウモロコシができます。「なぜでしょうか」というのは、子どものみならず大人でも栽培経験のある人なら抱く素朴な疑問です。これにも、きちんとした理由があります。

トウモロコシは、一つの株に、花粉をつくる雄花とメシベをもつ雌花を別々に咲かせます。株の先端にあるのが雄花です。トウモロコシの実は株の中ほどにできるので、雌花は株の中ほ

歯抜けのトウモロコシ（撮影・hidoko）

どに咲くということです。雄花と雌花が離れていると、他の株の花粉でタネをつくれる可能性が高いのです。それでも、まだ自分の花粉がついてタネができる可能性はあります。

そこで、トウモロコシは、雄花と雌花の成熟する時期をずらしています。オシベが先に熟し花粉をまき散らしたあとに、雌花が成熟して花粉を受け取れる状態になります。そのため、家庭菜園のように、数本だけのトウモロコシの株を植えて栽培すると、雌花のメシベが雄花の花粉を受け取る確率がたいへん低くなります。

トウモロコシの実には、ヒゲのような細い毛がいっぱいついています。あの一本一本がメシベであり、あの一本の毛の下に一粒の実ができます。ですから、花粉が少ないと、あのヒゲのようなメシベのすべてが花粉を受け取ることはむずかしいのです。花粉を受け取れなかったメシベは実をつくりませんから、「歯抜け」の状態になります。

一方、トウモロコシ畑のように何十本、何百本の株が植えられていると、それぞれの株が雄花と雌花の成熟する時期をずらしたとしても、トウモロコシ畑の中で、株による成熟のずれがあります。しかも、トウモロコシ畑の花粉の量はものすごく多いのです。春の花粉症のシーズンに、「スギの木からは、まわりの空気が白く曇るほどの量の花粉が出る」と表現されますが、トウモロコシ畑に飛び交う花粉の量もそれに優るとも劣らぬものです。

だからこそ、雌花のメシベには、どれかの株の花粉がつくことになります。そのため、すべてのメシベが、花粉を受け取ることができ、実がなります。その結果、トウモロコシは「歯抜け」の状態にはならず、実がびっしりと詰まっているのです。

婚活は、子づくりのため?

本章では、「婚活は、幸せな結婚をするための相手を求めて、活動をすること」と定義しました。そして、「生物学的にいえば、子どもを残すために、オスがメスを求め、メスがオスを求める活動です」と記述しました。すなわち、生物学的には、結婚は子どもを残すためにするものとして、話を進めてきました。

私たち人間の場合には、婚活からはじまり、行き着く先の結婚のイメージは、ひと昔前より、大きく変化しています。数年前に、内閣府が「男女共同参画社会に関する世論調査」の中で、「結婚観、家庭観に関する意識」について、全国の成人五〇〇〇人に対し個別面接方式で尋ねました。発表された結果によると、「結婚しても必ずしも子どもをもつ必要はない」と考える人が、四二・八％にのぼりました。

ひと昔前でも、「結婚は、子どもをつくるためだけのものではない」という考えはあったでしょう。でも、現実には、結婚は子どもをつくることと強く結びついていました。しかし、この調査では、「結婚しても必ずしも子どもをもつ必要はない」と考える人の割合があまりにも多いので、私のような団塊の世代のものにとっては驚きでした。

しかし、若い人々にとっては、驚くほどのことではなさそうです。年齢別では、二〇歳代で六三・〇％、三〇歳代では五九・〇％の人々が、この考え方をしているか、あるいは、この考えを肯定しているからです。若い人たちの結婚の目的が、子どもをつくって育てることではなく、生涯をともに暮らすパートナーを得ることになってきているのでしょう。

ですから、「婚活」という語を子どもをつくるための活動に結びつけるのは、少し適切でないかもしれません。しかし、だからといって、子どもをつくることを念頭に置いて結婚をしようとする活動を「婚活」といってはいけないことにはなりません。

結婚したあとの生涯の生活設計にはいろいろなスタイルがあるでしょうが、「婚活」の大きな目的の一つは、時代が変わろうとも、次の世代に命をつないでいくことができるように、子どもをつくるための相手を探し求めることでしょう。

近年、私の住む京都市をはじめ、茨城県、福井県、愛媛県、福岡県、栃木県などの多くの自治体が、婚活を応援し、出会いの場を提供するイベントを開催しています。そんなときの担当部局は「子育て支援課」などが多いです。ということは、婚活の先に「子育て」を見据えての取り組みであり、婚活の大きな目的の一つは、時代を超えて、「子どもをつくることである」と考えていいでしょう。

植物には、両性花を咲かせる植物や、雌雄異株の植物、雌雄同株の植物などがあります。それらの植物たちにおいて、婚活は子どもをつくるために行われます。これらの植物が、動きまわることなく行う婚活には、知恵と工夫が込められており、それを支えるための〝あっぱれ〟なしくみが存在します。次の章で、それらについて紹介します。

第三章 婚活のための魅力づくり

（一）さまざまな魅力でひきつける

不安がいっぱい

植物たちが花粉をつくる目的は、自分とは別の株に咲く仲間の花のメシベに、その花粉をつけることです。また、メシベは仲間の株に咲く花の花粉を受け取ることを望んでいます。そのために、花粉は別の株に咲く花に移動しなければなりません。しかし、植物たちは花粉を移動させるために動いたりはしません。

植物たちは、自分は動かずに、花粉の移動を風や虫に託します。風に託すものは、「風媒《ふうばい》花《か》」といわれます。マツ、スギ、イネ、クワ、ヨモギ、トウモロコシなど、あまり目立たない花を咲かせる植物たちです。

ハチやチョウチョなどの虫に託すものは、「虫媒花《ちゆうばいか》」とよばれます。ユリ、サクラ、トマト、ナノハナ、ヒマワリ、ミカン、バラ、レンゲソウなど、色や香りで、きれいな目立つ花を咲かせる植物たちです。

その他に、鳥や水の流れに託すものがあります。鳥に託すものは、「鳥媒花《ちようばいか》」といわれます。ツバキ、サザンカ、チャ、ビワ、ウメ、モモなどです。媒介する鳥は、メジロ、ヒヨドリなどです。世界的には、ハチドリが有名です。水の流れに託すものは、「水媒花《すいばいか》」とよばれます。キンギョモ、イバラモ、セキショウモなど、水の中で暮らす植物たちです。

風はどこへ吹いていくかわかりません。虫や鳥もどこに飛んで行くかは気まぐれです。水の流れ方も速度や道筋は必ずしも定まっていません。一方、花粉の移動は、子ども（タネ）をつくり、次の世代へ命をつなげるという大切な行為です。ですから、「そんなに大切な役割を、当てにならない頼りないものに託して大丈夫なのか」と不安になります。

植物たちも「花粉は、風に乗ってうまく運ばれるだろうか」とか「虫は、うまく花粉を運んでくれるだろうか」と、心配しているはずです。「花粉が、別の株に咲く仲間の花のメシべに出会えるだろうか」と不安でいっぱいなはずです。

だから、そんな心配や不安を打ち消すように、植物たちは、さまざまな工夫を巧みに凝らしています。「子どもをつくりたい」との思いを込めて、工夫を凝らした活動こそが、植物たちの「婚活」なのです。

花粉の移動を虫に託す植物たちの婚活は、虫を誘い込むために行われます。虫たちが寄ってきてくれれば、虫たちに花粉の移動を託せます。虫を誘い込めなければ、オシベは花粉を運んでもらうことはできません。

花粉を虫に運んでもらう場合だけでなく、花粉を運んできてもらって受け取る場合も同じです。他の株の花粉をつけた虫をうまく誘い込まなくては、花粉を受け取れません。だから、花粉の移動を虫に託す「虫媒花」といわれる植物たちの婚活とは、虫をうまく誘い込むための活動といえます。

私たちの婚活では、相手に直接はたらきかけます。男性なら女性に、女性なら男性に対してです。しかし、植物たちの婚活は、仲間の花に直接ではなく、間接的に、ハチやチョウチョなどの虫に対して行われるのです。

植物たちの「婚活」について、虫たちを誘い込むために、「どんな準備をしているのか」、「どんな努力をしているのか」を紹介しましょう。

植物は目立ちたがり？

春や秋になれば、多くの植物たちが、色とりどりに、美しくきれいな色の花をいきいきと咲かせます。植物たちが花々を美しくきれいに装う理由は、何だと思われますか。大切な理由の一つは、「目立ちたいから」です。

「誰に対して目立ちたいのか」と思われるかもしれません。私たち人間に対して目立って、「美しい」とか「きれい」とか「かわいらしい」といわれると、大切にされるので、植物たちにとっては良いことかもしれません。しかし、植物たちは私たち人間に花を目立たせたいのではありません。

花は、植物の生殖器官です。ですから、植物たちが花を咲かせるのは、自分の子どもであるタネをつくるためです。自分たちの命を次の世代へつないでいくために、花を咲かせるのです。そのため、花は咲いた限りはタネをつくらねばなりません。

タネをつくるためには、花粉はオシベからメシベに移動しなければなりません。その移動を虫に託す植物たちは、ハチやチョウチョたちに寄ってきてもらわねばなりません。鳥にその移動を託す植物たちは、メジロやヒヨドリなどに寄ってきてもらわねばなりません。だから、美しくきれいに装って、虫や鳥に「ここに花が咲いているよ」と目立たせたいのです。

「ほんとうに、植物たちが『花を目立たせたい』と思っているかどうかは疑わしい」と思う人がいるかもしれません。たしかに、私は、植物たちから「『花を目立たせたい』と思っている」と直接聞いたわけではないので、そんなに絶対的な根拠はありません。しかし、そのように考えられる理由はあります。

一つは、花にはいろいろの色がありますが、「あってはならない花の色」があることです。何色でしょうか。それは、葉っぱと同じ緑色です。葉っぱと同じ緑色をしていては、目立たないからです。新緑のきれいな葉っぱの中で、虫を誘うためにきれいな新緑の葉の色をした花を咲かせる植物はありません。

「緑色の花を咲かせる」といわれる植物がないわけではありません。たとえば、サクラの「御《ぎょ》衣《い》黄《こう》」などです。しかし、それらは緑色がかっているだけで、葉っぱのような緑色ではありません。白味を帯びていたり、黄色味がかっていたりします。

また、多くの植物で、花は葉っぱより上に咲き、葉っぱに隠れるように咲く花はめずらしいです。葉っぱよりひときわ高く花を支える柄や茎を伸ばし、その先に花を咲かせる植物が多いのです。これらは「花が、なぜ、美しくきれいな色をしているのか」との質問に対する答えが、まちがいなく、虫や鳥に「目立ちたいから」であることを示唆しています。

植物たちが色とりどりに美しくきれいに花を装っているのは、目立って、ハチやチョウなどに寄ってきてもらって、花粉を運んでもらうためです。だから、植物たちの美しくきれいな花の装いは、婚活にのぞむ植物たちの〝勝負服〟といえるかもしれません。

その装いに使われている色の正体が、どのようなものかを紹介します。

純白の装いの秘密

赤色、青色、黄色、白色が、花の基本の四色といえます。植物たちが、花を装ったり、飾ったりするのに使う花びらの色は多種多様ですが、この四色がすべての花の色の基本であり、その組み合わせにより、いろいろな模様も生まれます。

この四色の花を咲かせることができる植物は、めずらしいです。「三大切り花」といわれる、カーネーション、バラ、キク、には赤色、黄色、白色の花はありますが、青色の花がありません。近年、ペチュニア、パンジー、カンパニュラの青い花の色素をつくる遺伝子を、それぞれ、カーネーション、バラ、キクに人為的に導入して、青みを帯びた花を咲かせられるようになりました。自然のままで、これらの四色の花を咲かせることができるのは、身近な植物では、パンジーとヒヤシンスです。

多くの植物の花々の色を出す色素は、アントシアニンとカロテンを代表とするカロテノイドです。これらは、花びらの色を出すもと（素）になるので、「色素」とよばれます。アントシアニンは、ポリフェノールの一種なので、ポリフェノールという言葉で代用されることがあります。

アントシアニンは、バラ、パンジー、シクラメン、サツキツツジなどの赤い花の色を出す色素です。また、ツユクサ、キキョウ、リンドウなどの青い花の色もアントシアニンの色です。アサガオやペチュニアには、赤色の花も青色の花もあります。これは、いずれもアントシアニンによるもので、この色素は赤色も青色も出せるのです。

カロテンは、赤や橙《だいだい》、黄色系の色素で、あざやかさが特徴です。黄色がかったキクやナノハナ、タンポポ、マリーゴールドなどの花々には、この色素が含まれています。この色素は、ニンジンの食用になる根の部分に多く含まれているので、ニンジンの英語名「キャロット(carrot)」に由来して、カロチン(carotin)と命名されています。近年は、カロテン(carotene)とよばれます。カロテンは英語、カロチンはドイツ語由来です。カロテンは、「カロテノイド」という物質の一種ですから、カロテンの代わりに、カロテノイドという語が使われることもあります。

赤色と青色や黄色の花は多くありますが、純白の装いを凝らす花も多くあります。白い花には、どんな色素が含まれているのでしょうか。これらの白い花にも、色素が含まれています。「フラボン」や「フラボノール」などの色素です。しかし、それらは白い色をした色素ではなく、無色透明か、淡いクリーム色です。ところが、実際には、これらの色素を含む花びらは白い色に見えます。

白い色に見える理由は、花びらの中に、多くの小さい空気の泡があるからです。小さな空気の泡が多くあると、光が当たったときに泡に反射して、白く見えるのです。水が激しく流れる滝で、水しぶきが白く見えるのと同じです。水しぶきが白く見えるからといって、水しぶきを集めても、白い水ではなく、ふつうの水です。

波打ちぎわに寄せる海水は白く見えますが、決して白い海水ではありません。琥珀《こはく》色のビールでは泡になった部分が白く見えますが、泡を集めて消すと、白色のビールではなく、琥珀色をしています。花びらが白く見えるのは、これらと同じで、「白く見える」からといって、白い色素を含んでいるのではないのです。

「では、白色の花びらの中の小さい空気の泡を追い出せば、花びらは無色透明に見えるか」という疑問が浮かぶかもしれません。やわらかい、白色の花びらで、試みてください。親指と人差し指で花びらを強く押さえると、その部分にあった空気の泡を追い出すことができます。そのため、その部分は無色透明になります。白色のユリやムクゲ、サクラなどの花びらで、このことを容易に確かめることができます。

花粉の移動をハチやチョウチョなどに託す植物たちにとって、まず目立つために、花をあざやかな色で装うことが大切なのです。

なぜ、花粉の飛散予測は当たるのか？

花粉の移動を風に託す植物たちは、「花粉は、風に乗って仲間の花にうまく運ばれるだろうか」と、心配しているはずです。そんな心配を打ち消すもっとも確かな方法は、花粉を多くつくることです。

風まかせのスギやヒノキなどは、「風はどこへ吹いていくかわからない」と心配し、「どこへ吹いていってもいいように、たくさんの花粉をつくろう」と決めているのでしょう。花粉を飛

スギの花粉（撮影・五味千成）

ばすシーズンには、スギはあたりの空気が真っ白に曇るほどの多くの花粉をまき散らします。多くの花粉をつくるスギは、花粉を風に託す植物たちの中でも、特に、心配性の樹木なのでしょう。

そのため、空気中には多くの花粉が浮遊します。これが花粉症の原因となり、私たち人間には迷惑な話です。しかし、スギにとっては、健全な子どもを残せるだろうかと悩み、心配した末の、精いっぱいの努力の賜物です。風がどこへ吹いていってもいいように、たくさんの花粉をつくってまき散らすのです。スギにとっては、これが婚活です。

一生懸命に婚活をしている人々は、「花粉を多く飛ばしているだけで、『婚活』などと安易にいわないでほしい」との思いを持つかもしれません。でも、スギは、子どもをつくるために、「うまく花粉が雌花に出会うように」と、多くの花粉をつくっているのです。ですから、「『花粉を多く飛ばすのも、婚活だ』といってもいい」と思います。

でも、それ以上に「スギが花粉を多く飛ばすのは、りっぱな婚活だ」との思いが、私にはあります。その理由は、この婚活は行き当たりばったりになされているのではないからです。スギは、この婚活のために、前の年の夏から準備をしているのです。

毎年、秋に「来年の春は、飛ぶ花粉が少ない」とか、「来春の花粉は、例年の一〇倍は飛ぶ」とかの花粉の飛散予測が出されます。「なぜ、翌年の春に飛ぶ花粉の量について、前年の秋に、そんな予測が出せるのか。何が根拠になっているのか」という疑問が浮かびます。

飛散するスギの花粉の量は、年ごとに一定ではなく、多かったり少なかったりします。この理由は、「樹勢《じゅせい》」といわれる樹の勢いが毎年変化することが一因です。スギの木は、花粉をつくるために、多くのエネルギーを使います。そのため、花粉を多く飛ばした年には樹勢が弱まり、翌年の春に飛ばす花粉の量は少なくなります。逆に、あまり花粉を飛ばさなかった年の翌年には、使わずに蓄えたエネルギーで樹勢が強くなった木が、思いきり多くの花粉を出します。

その結果、飛ぶ花粉の量は、多く飛んだ年の翌年には少なくなり、少ししか飛ばなかった年の翌年には多くなる傾向にあります。しかし、秋に発表される翌春の花粉の飛散予測は、この傾向に基づいて発表されるのではありません。

スギは、花粉を飛ばす雄花と花粉を受け取ってタネをつくる雌花を、一本の木に別々に咲かせる植物です。この雄花と雌花のツボミは、夏につくられます。春に花粉を飛ばすのですから、「ツボミは冬を過ぎてからつくられる」と思われがちです。しかし、スギの花のツボミは、花粉を飛ばす前年の夏につくられるのです。

夏に、スギのツボミがつくられるとき、そのツボミの数は、主に、夏の温度と「日照時間」の影響を受けます。日照時間とは、太陽の光が雲などにさえぎられることなく、照りつける時間をいいます。夏が暑いほど、また、日照時間が長いほど、スギの雄花のツボミは多くつくられます。そのため、夏が猛暑で、雨が少なく日照時間が長い年には、スギの雄花のツボミは多くつくられます。

ですから、夏が終わるころに、ツボミの個数を数えれば、「来年の春には、多くの花粉が飛散する」という予測を発表しようとすれば可能なのです。でも、夏の終わりには花粉の飛散予測は出されず、秋まで慎重に待たれます。

夏につくられたツボミは、秋に向かって成長します。だから、夏につくられたツボミがどのように成長しているかが、秋に観察し調査されます。多くのツボミがよく成長していれば、翌春には多くの花粉が飛ぶはずです。だから、「翌春に飛ぶ花粉の量は、非常に多い」と予測されます。

逆に、あまり多くのツボミが成長していなければ、そんなに多く飛ばないことになります。だから、「翌春に飛ぶ花粉の量は、非常に少ない」と予測されます。すると、春には、その予測はみごとに的中しています。

実際には、春に飛散する花粉の量は、秋に観察して調査されたあとから春までの温度などの影響を受けます。しかし、秋の調査でかなり確かな予測ができます。そのため、秋に出された予測は、春にみごとに的中します。

花粉症に苦しめられる人は、「飛散量が多い」といわれれば、「あまり根拠のないものであってほしい、できれば、この予測は外れてほしい」と思うでしょう。逆に、「飛散量が少ない」という予測なら、「外れることがないように」との祈るような思いがこもることと思います。

「今年は、暖冬」とか「来年は、冷夏」など気象の予測は当たったり外れたりするものですが、秋に出る翌春の花粉の飛散予測というのは、予測というより、秋のツボミの成長状況の調査結果なのです。ですから、秋に出される花粉の飛散予測は、毎年、ほぼ的中するものなのです。

スギは、春に花粉を飛ばす「婚活」に向かって、前の年の夏から、着々と準備を進めています。「春に暖かくなったら、花粉を飛ばして子づくりをしよう」と、花粉をもったまま、冬のきびしい寒さに耐えているのです。だから、春になって、「さあ、子どもをつくるぞ」とばかりに多くの花粉を飛ばすことは、「りっぱな婚活だ」と納得してもらえるでしょう。

しかし、花粉を多くまき散らすスギに対して、花粉症の恨みもあって、「ただ花粉を多く飛ばすだけの行為を『婚活』とよびたくない」と思う人の気持ちも、よく理解できます。私自身も花粉症がこんなに多くの人に知られる前から、毎年、花粉症にひどく苦しめられてきているからです。

スギを含めて、花粉をまき散らすだけの行為が婚活と認められるものかどうかについては、賛否両論があるでしょうから、さておきます。

雄花が多いゴーヤは心配性

「ゴーヤを栽培しています。たくさんの花が咲きますが、ほとんどが雄花で、雌花は少ないです。どうして雄花が多いのでしょうか」という質問を受けたことがあります。

ゴーヤは、オシベだけをもつ雄花とメシベだけをもつ雌花を、一つの株に別々に咲かせる植物です。雌花と雄花が同じ株に咲くので、「雌雄同株」といいます。この性質は、ゴーヤの仲間であるウリ科の植物に共通です。ですから、ウリ科のキュウリ、カボチャ、スイカなどは雌雄同株です。

雄花はオシベだけですから、花粉をつくるだけです。雌花には、メシベがありますから、雄花の花粉がつけばタネができ、実がなります。だから、ゴーヤの実は、雌花にしかできません。ですから、「どうして雄花が多いのでしょうか」という質問の裏には、「雌花が多く咲けば、ゴーヤの実を多く収穫できるのに」という、恨めしい気持ちが込められているのでしょう。

たしかに、ゴーヤを栽培していると、雌花の数がとても少ないです。雌花が少ない理由は、ゴーヤは自分の成長に見合った数の雌花をつけるためです。雌花は実をならせる花ですから、雌花が多くつきすぎると、多くの実ができて栄養が分散して、できる実が小さくなります。あるいは、実が大きくならず、枯れ落ちる可能性が高いのです。

「ゴーヤは、自分の成長に見合った分相応の数の雌花をつけている」と考えたらいいでしょう。だから、七月ごろ、花が咲きはじめたばかりの大きく成長していない若い株より、八月から九月になって大きく成長して成熟した株の方が、雌花の数を増やす傾向があります。

一方、質問の通りに、ゴーヤは多くの雄花を咲かせます。これは、一つの花の中にオシベとメシベがある両性花において、メシベの本数に比べてオシベの本数が多いのと同じです。ふつう、メシベは一本ですが、オシベの本数が比較的少ない、キキョウやアサガオ、サツキツツジなどでも五本、ユリやナノハナでは六本はあります。

ソメイヨシノのオシベは、三〇本くらいあります。同じバラ科サクラ属の仲間であるウメや

ビヨウヤナギの花（taki/PIXTA〈ピクスタ〉）

モモにも、三〇本ほどのオシベがあります。ある品種のツバキでは、一〇〇本以上のオシベが一つの花の中にあります。キンシバイやビヨウヤナギの花は、オシベだらけです。ビヨウヤナギのオシベの本数を数えたことがあります。二五六本ありました。ものすごい数のオシベをつくって、花粉をたくさんつくっているのです。

オシベの数が多いのは、オシベの先端に花粉ができるので、できるだけたくさんの花粉をつくるためです。多くの花々は、花粉の移動を虫に託しています。虫はどこへ飛んでいってしまうかわかりません。そのため、虫に花粉の移動を託す植物は、その不安を打ち消すために、多くの花粉をつくろうとして、オシベが多いのです。

だから、ゴーヤの雄花の数が多いのは、花粉を多くつくるためであり、花粉の移動を虫に託すことを考えれば、理にかなっています。雄花の数が多ければ多いほど、雌花に花粉が運ばれる確率は高くなります。雄花の中には多くのオシベがあるのですが、それだけでは心配なので、雄花の個数も多くしているのでしょう。ゴーヤは心配性なのかもしれません。

スギやヒノキのような、風に花粉の移動を託す植物たちは、どこに吹いていくかわからないので、多くの花粉をつくります。虫に花粉の移動を託すとしても、虫もまたどこへ飛んでいくかが不安なので、その不安を打ち消すために、多くの花粉をつくろうとするのです。

花粉を多くつくることは、植物たちの婚活の基本なのです。私たち人間の場合でも、いい相手に出会えるかどうかが不安になれば、その不安を解消するためのわかりやすい方法は、多くの婚活イベントに参加することでしょう。それと同じです。

でも、数多く参加したからといって婚活が成功するとは限りません。婚活が成就するためには、異性をひきつける魅力が必要でしょう。同じように、虫に託す植物たちの婚活は、「花を美しく装って目立たせ、花粉を多く準備する」という単純なものではありません。さらに虫をひきつけるためのさまざまな工夫が凝らされています。

（二）婚活の〝飛び道具〟

香りで惑わす

多くの動物は、離れている場所から、自分の存在をアピールしたり、求愛したりするのに、声や音を使います。小鳥がさえずる、セミが鳴くなどは、その典型的な例です。これらは生殖のための行動ですから、動物たちの婚活です。

いわば、声や音は、動物の婚活のための〝飛び道具〟です。私たち人間は、離れている場所から、婚活の相手に、電話、メール、手紙などで、はたらきかける手段をもっています。これらも、婚活のための〝飛び道具〟です。

しかし、植物たちの場合には、声や音を使うことはありません。だから、婚活に、動物のような飛び道具をもたないように見えます。ところが、植物たちも婚活のための飛び道具をもち、大いに利用しています。それは、「香り」です。香りを漂わせることにより、「ここに花が咲いているよ」と、虫たちに知らせるのです。

夜の真っ暗な中で、花を咲かせる植物があります。ツキミソウ、オシロイバナ、ゲッカビジンなどです。これらは、花びらがどんなに美しくきれいな色をしていても、真っ暗な中では、虫たちに目立ちません。そのようなとき、これらの植物たちの花はいい香りを放ちます。虫たちは、香りに誘われてやって来るでしょう。

だから、夜の暗い時間に咲く花は、香りが強いという傾向があります。ジャスミンの花は、「咲いたばかりの夕暮れに、強い香りを放つ」といわれます。花が元気なうちに、虫たちを誘い込み花粉を運んでもらうためでしょう。

花のいい香りが漂っているのに、花を探しても見つからないことがあります。花の香りというのは、どのくらい遠くまで漂うものなのでしょうか。植物の種類にもよるし、嗅ぐ人の香りに対する敏感さにもよるし、風の強さにもよるでしょう。だから、どのくらい遠くまで漂うかは正確に決められるものではありません。しかし、とてつもなく遠くまで香りを飛ばすと思われる植物があります。

秋に花咲くキンモクセイは、中国名で「九里香《きゅうりこう》」といわれます。「その花の香りは、九里漂う」という意味です。中国では、一里は四〇〇〜五〇〇メートルです。ですから、香りが三六〇〇〜四五〇〇メートルくらい漂うことになります。

この植物は、英語名でも「フレグラント・オリーブ」という名前がついています。「フレグラント」は「良い香りの」という意味です。オリーブは、キンモクセイと同じ、モクセイ科の植物です。オリーブの花は小さくほとんど香りはしませんが、大きな木になり、多くの花を咲かせると、「キンモクセイに似た香りをほのかに漂わせる」といわれます。そのため、キンモクセイは「香るオリーブ（フレグラント・オリーブ）」とよばれるのです。

ジンチョウゲは、中国名で「七里香《しちりこう》」と呼ばれます。「その花の香りは、七里漂う」というのですから、香りが、二八〇〇～三五〇〇メートル飛ぶという意味です。この植物は漢字で「沈丁花」と書かれますが、「沈香」と「丁字」という、ともに香り高い植物名を合わせてできあがっています。英語名の「ウィンター・ダフネ」も、香り高いゲッケイジュのギリシャ名「ダフネ」にちなんでおり、良い香りのするという意味の「フレグラント」をつけて、「フレグラント・ダフネ」といわれることもあります。

クチナシの花の甘い香りは、「旅路の果てまでついてくる」と歌われます。この植物の学名は、「ガーデニア・ヤスミノイデス」で、「ガーデニア」はアメリカの植物学者ガーデンの名前にちなみ、「ヤスミノイデス」は、ジャスミンのような香りがするという意味です。英語でも「ケープ・ジャスミン」で、ジャスミンのような香りが強調されています。「ケープ」は、南アフリカの地名ですが、このあたりが原産地と思われてつけられたものです。現在、この植物の原産地は、日本、中国、台湾、インドシナあたりとされています。

春に花咲くジンチョウゲ、初夏に花咲くクチナシ、秋に花咲くキンモクセイが、強い香りがよく漂う「三大芳香花」とよばれます。しかし、「七里香」や「九里香」どころか、「百里香《ひゃくりこう》」

キンモクセイの花　（撮影・川原啓一郎）

ジンチョウゲの花　（撮影・横瀬洋子）

クチナシの花　（撮影・Bun meets man.）

とよばれる植物があります。チョウジ（丁子）という植物です。先に紹介した通り、香りの高い「沈丁花」の「丁」に名を残す植物で、古くから、香料として用いられ、日本にも昔に伝えられたようです。奈良の正倉院に宝物として保存されています。

いい香りがたっぷりと漂う様子をあらわすのに、「馥郁《ふくいく》」という語が使われます。この言葉がもっともふさわしいのが、ウメの花です。だから、多くの花の中でも、特にウメの花は、「馥郁とした香りが漂う」と形容されます。そんな香りがいっぱいに漂うのが、ウメの最高級品「南高梅」の産地、和歌山県日高郡みなべ町です。

ここの梅林は、「ひと目一〇〇万、香り一〇里」といわれます。実際に、梅林にあるウメの木は、七、八万本なので、少しひかえめに「ひと目一〇万、香り一〇里」といわれることもあります。いずれにせよ、香りは広い梅林一帯に漂い、それらが風に乗れば、遠くまで飛ぶ様子を印象づけるものです。

その他、香水に使われるバラや、夜に甘い芳香を漂わすゲッカビジンなどの花の香りがよく知られています。ラベンダーの花のやさしい香り、初夏を感じさせる少しすっぱい感じのするクリの花の香りなど、香りにはいろいろの種類があります。

ユリは、強い香りを放つ品種が多いです。その中でも「ユリの女王」といわれる真っ白なカサブランカの香りは、たいへん強いです。レストランなどでは、料理の味や香りより目立って

ラフレシアの花（撮影・岸勘治）

主役になってしまうため、敬遠されることもあります。

その香りの主な成分は、「リナロール」、「ベンジルアルコール」、「イソオイゲール」などであることが知られています。近年は、これらの成分のつくられる量を抑えて、香りの弱いカサブランカづくりが試みられています。

香りの強いものだけを紹介しましたが、強くなくても、身近な植物たちのそれぞれの花に、独特のほのかな香りがあります。花を見たら、いろいろな花の香りを嗅いでみてください。植物の種類ごとに、花の香りは異なっています。

とんでもない悪臭で惑わす

花の香りは、私たち人間には、いい香りとは限りません。私たちには臭《くさ》い香りでも、虫たち

小石川植物園で咲いたショクダイオオコンニャク
（撮影・村上倫正）

には魅力があるものもあります。その一つにラフレシアという植物があります。東南アジアのスマトラ島を原産地として熱帯アジアに育つ植物で、「世界一の大きな花」を咲かせることが知られています。花の直径は、大きいものなら、約一メートル、重さが約七キログラムにもなります。

　開いた花からは、「腐った肉の臭《にお》い」と形容される香りが放たれます。私たち人間にはひどい悪臭に感じられますが、これは花粉を運んでくれるハエを誘うための香りです。ですから、ハエたちには魅力的な香りなのでしょう。

　一方、さまざまな「世界一」を記載するギネス・ブックに載っている、「世界一の大きな花」はスマトラオオコンニャクの花です。日本では、ショクダイオオコンニャクとよばれます。

ろうそくを立てる「燭台《しょくだい》」にたとえられるのは、植物学的には、大型の苞《ほう》である「仏炎苞《ぶつえんほう》」の部分です。その直径は、一・五メートルに達します。ただ、この花は小さな雄花と雌花の集まりを大きな苞で包んだものであるため、独立した花としては、ラフレシアが「世界一の大きな花」とされます。

二〇一〇年の夏、ショクダイオオコンニャクが、東京の小石川植物園で開花しました。花の高さは、約一メートル五六センチメートルでした。この花は二日間だけ開花し、その間に花の軸の温度が上がって、よく香りを放ちます。香りといっても、この花の場合もラフレシアと同じく、魚や肉が腐ったような臭いです。

花から香りを収集し、その成分が分析されました。その結果が、その年の一二月に発表されました。「腐った肉の臭いと長い間履いた靴下の臭いが混じった香り」と形容されました。その主な成分は、実際に腐った肉が放つのと同じ「ジメチルトリスルフィド」という硫黄《いおう》を含む物質でした。その他に、都市ガスの臭いに似た「メチルチオールアセテート」という物質や、臭い足の裏や納豆の臭いと似た「イソ吉草酸《きつそうさん》」という物質も含まれており、これらがこの花の悪臭を強めているようです。

色香で惑わし、蜜でもてなす

植物たちは、虫に花粉を運んでもらうために、虫を誘い込むための工夫を凝らしています。きれいな色、目立つ色で花を飾り、いい香りを漂わせます。つまり、〝色香《いろか》〟で虫たちを引き寄せるのです。私たち人間の間ではあまりいい表現ではありませんが、「植物たちは、虫たちを色香で惑《まど》わす」となります。

私たち人間の心が色香に惑わされて夜のネオン街にひかれるように、ハチやチョウチョなどの虫も花々の色香に誘い込まれるのでしょう。しかし、植物たちは、色香だけではなく、おいしいごちそうも準備しています。それは花の蜜です。

花の色や模様や香りは、植物の種類ごとに違います。花の色や模様の違いは見ればすぐにわかります。香りの違いも嗅げばわかります。だから、花の色や模様や香りは植物の種類ごとに違うことは容易に納得されます。

同じように、花の蜜の味も植物ごとに違うのですが、花の蜜の味を植物の種類ごとに味わうのはむずかしいです。ですから、蜜の味が植物ごとに違うことは納得されにくいのです。私も多くの植物の花々の蜜を舐めてまわったわけではないので、「蜜の味は植物ごとに違う」と言い切る自信はありません。

でも、そう考えられる根拠はあります。ハチミツには、レンゲソウ、アカシア、シャクナゲ、アザミ、クローバー、ナノハナ、オレンジ、ミカン、ソバ、モチ、ハゼ、クリなどいろいろな味があることです。

ハチミツの味は、花の蜜の味そのままではありません。花の蜜は、ハチの巣の中に貯蔵されて、糖の濃度や種類が変化しています。それでも、植物の種類ごとにハチミツの味が異なるのは、もともとの蜜の味が植物の種類ごとに違うことを反映しています。

「ハチミツの王様」といわれるレンゲソウのハチミツは、私たち人間には、人気があります。ただ、ハチやチョウチョなどにも、「ハチミツの王様」といわれるほど、「おいしい」と思われているかどうかはわかりません。

逆に、私たち人間には、「おいしくない」ので食べられることのない、セイタカアワダチソウの蜜は、ハチが冬越しをするための食べ物になっています。ですから、ハチにはごちそうなのでしょう。あるいは、冬越しを前にした秋遅くに咲く花は少ないので、ハチたちも冬越しのために仕方なく食べているのかもしれません。

ハチミツの色は、植物の種類ごとに微妙に異なります。その中でも、ソバのハチミツは、目立って黒っぽい色をしています。「味も色も、黒砂糖に似ている」といわれます。甘さの違いは含まれる糖分の量や種類によるものでしょうが、黒い色をしているのは、鉄分が多く含まれているためです。花の蜜に含まれる鉄などのミネラルの量も、植物ごとに異なるようです。

虫たちは、花が咲く花壇で、多くの花々に色と香りで「こっちへ寄ってきて」と誘われているのです。色香に惑わされて、誘い込まれると、おいしいごちそうを食べることができます。しかも、手土産まで準備されています。手土産は、背中やおなかにつく花粉です。この手土産をもたせることが、植物たちの目的なのです。

植物たちは、虫たちへのもてなしを無駄にしないように努めています。花には「蜜標《みつひょう》」という模様をもつものがあります。英語では、「ガイドマーク（案内のための指標）」といわれるように、虫たちを蜜のある場所へ導く案内板です。これが「蜜のある場所はこちらですよ」と虫たちに教えているのです。

たとえば、ツツジやゼラニウムなどの花びらの一部分に、斑点《はんてん》のような模様があります。その模様を追っていくと蜜があります。模様で虫たちに蜜のありかを教えていることになります。もちろん、ただ蜜をあげるためだけではありません。

ハチやチョウチョなどが、この模様に沿って蜜にたどりつけば、虫たちのからだには多くの花粉がつくように、仕組まれているはずです。植物たちは、虫たちがその案内板に沿って蜜までたどりついてくれたら、多くの花粉をつけられると、ほくそえんでいることでしょう。また、その案内板に導かれていけば、他の花からもらった手土産がメシベにつくようになっているはずです。

太陽の光には、私たちが見ることのできる可視光とよばれる青色光、緑色光、赤色光など以外に、紫外線が含まれています。「Ultraviolet rays（紫外線）」から「UV」と略される光です。紫外線は、私たち人間には見えません。

ところが、ハチやチョウチョなどは紫外線を見ることができます。「どんな色に見えているのだろうか」という興味がわきます。しかし、紫外線を見ることのできない私たちには、想像ができません。紫外線がハチやチョウチョなどにどういう色に見えているのかは、虫たちに聞いてみないとわかりません。

だから、私たち人間が見た場合とハチやチョウチョが見た場合とは、同じ花でも色や模様が違います。人間にはただの白い花にしか見えなくても、虫たちには紫外線が見えますから、何かの模様がついていることがあります。人間には同じように見える黄色い花であっても、ハチやチョウチョには色が違ったり、紫外線のために模様がついていたりして、違った模様の花に見えていることがあるのです。

たとえば、ナノハナの花は、私たちには黄色一色のように見えます。しかし、紫外線を感じるカメラで写真を撮ると、花の中央は黒く写ります。ナノハナだけでなく、私たちには一色に見えるいろいろな花を、紫外線を感じるカメラで撮影すると、多くの花で黒い部分と黒くない部分があります。

なのです。

「紫外線」とひと口でいうと一色のような印象ですが、ハチやチョウチョなどには一色ではないかもしれません。紫外線を見ることができない私たちでさえ、その波長やはたらきなどの性質の違いにより、紫外線を、A、B、Cの三種類に分けています。だから、ハチやチョウチョなどには、紫外線で描かれる何かの模様が見えているかもしれません。花びらには、紫外線で浮かび上がる蜜標もあるはずです。

婚活成就の極意とは?

花々は、虫たちのために、美しくきれいに装い、いい香りで誘い、ごちそうまで準備します。そして、ごちそうのある場所にまで、案内板で導くという、至れり尽くせりのサービスをします。こんなサービスを受けると、私たち人間で用心深い人なら、「なぜ、こんなにもてなされるのか。何か悪い魂胆があるのではないか」と警戒心が生まれるかもしれません。「ぼったくられるかもしれない」と、人間なら、心配するでしょう。

ハチやチョウチョなどでも、〝色香〟に誘われて、これだけ至れり尽くせりのもてなしを受けると、「その誘いに乗って、花の中に入ったとたん、ネバネバの液に足をとられて出られなくなるかもしれない」と用心する虫たちがいるかもしれません。

でも、虫たちは安心していいでしょう。植物たちがこれだけのもてなしをすることは、「虫たちに、こんなに好意をもっていますよ」という気持ちの表現なのです。このように、好意をもっていることを素直に伝えるのは、婚活が成功するのに大いに効果があるはずです。

私たち人間の場合でも、婚活を成功させるコツがいくつかいわれます。その一つは、「自分が婚活していることを周囲の人に知らせる」ことです。婚活をしているか、していないかわからない人に、結婚を考えてつきあいを申し込むのと、あきらかに婚活をしている人に結婚を前提のつきあいを申し込むのを比較すれば、男女を問わず、後者の方が容易でしょう。

だから、こっそり婚活をしている場合には、堂々と婚活している場合より、成功率が低くなるのです。婚活イベントへの参加は、自分が婚活していることを知らせる絶好の機会であり、婚活を成功させるための第一歩となるでしょう。

婚活中であることを、はっきりと知らせた上で、さらに婚活を成功させるのに大いに効果があるのは、「出会って好意を抱いた人には、素直に好意をもっていることを伝えること」といわれます。誰でも、好意を示されると悪い気はしないし、「自分は、嫌われたり無視されたりしているかもしれない」という不安が取り除かれます。だから、好意をもたれているとわかった人も、好意を示しやすくなり、婚活の成功率がずっと高まります。

この婚活成就の極意《ごくい》に沿って、植物たちは、虫たちに自分たちの気持ちを素直に伝えているのです。植物たちの「花粉を運んでほしい」とのけなげでいとおしい思いが、至れり尽くせり

フクジュソウの花（撮影・青木由親）

のサービスとなっているのです。植物たちの至れり尽くせりのサービスとは、「是非とも、婚活を成功させたい」との切なる願いと真摯な気持ちのあらわれなのです。

(三) 逆境にあればなお、魅力を高める！

「先んずれば、植物を制す」

年が明けて、まだ寒い一月に、フクジュソウ、スイセンなどの花が咲きます。雑草のホトケノザ、ヒメオドリコソウやオオイヌノフグリも早春に花を咲かせはじめます。三月になると、あちこちで待ちわびたように、ナノハナの花が咲きます。

そんな寒いときに活動をはじめている虫は少ないでしょう。だから、「そんなに寒いうちに花を咲かせても、虫は来るのだろうか」と心配になります。しかし、春に暖かくなって、咲く花が増えてくると、虫を誘い込む競争が激しくなってきます。

これらの植物たちは、「まだ寒いうちなら、他の種類の植物たちの花があまり咲いていないので、虫を誘う激しい競争をしなくてもいい」と考えて、他の種類の植物たちに先駆けて花を咲かせるのでしょう。

虫を誘い込む横並びの激しい競争を避けるために、他の花より一足早くに花を咲かせるのです。「他の人より先に行えば、有利な立場に立つことができる」という「先んずれば、人を制す」という格言を知っているかのようです。植物ですから、「先んずれば、植物を制す」というところでしょうか。

「先んずれば、植物を制す」ためには、そのための魅力をもたねばなりません。寒い中で咲くフクジュソウの花は、太陽の光が当たり、温度が上がりだすと、花びらを開きます。この花びらは、輝くような黄色で、虫たちによく目立ちます。それだけでなく、花びらは太陽の光を集めるような姿で開き、光の熱で花の中が暖まります。寒い風の中を飛んでいる虫たちに「ぬくもりの場」を提供するのです。虫たちは、その中に誘い込まれます。

春に暖かくなってくると、多くの種類の植物たちは、多くの虫たちが活動をはじめるのに合わせて、花を咲かせます。婚活の競争の真っ只中に入っていかざるを得ないのです。その中では、他の種類の植物たちに優る、ひときわ目立つ工夫が必要です。

春に花咲く植物たちの中には、ウメ、モモ、コブシ、モクレン、ハナミズキなどのように、葉っぱが出るより先に花を咲かせる花木が多くあります。たとえば、サクラのソメイヨシノは、その代表例です。このような植物たちには、葉っぱが出るより前に花を咲かせることに、どんな利点が考えられるでしょうか。

植物たちが美しくきれいな花を咲かせる理由は、虫や小鳥たちに「目立つため」です。花が咲いても、葉っぱが茂っていれば、花は目立ちません。葉っぱが出る前に花が咲くと、葉っぱが一枚もないのですから、咲いた花はよく目立ちます。

春早くに活動をはじめた虫や小鳥たちには、葉っぱのない樹木は枯れ木に見えているかもしれません。枯れ木だと思っていた木が、暖かくなって、突然、パッと美しくきれいな花を咲かせると、虫や小鳥たちは驚くはずです。

驚かせれば、目立ちます。だから、虫や小鳥たちを誘い込むことができ、花粉を運んでもらえます。春、なるべく早くに、葉っぱもないうちに、花をパッといっせいに咲かせることは、「先んずれば、植物を制す」ために役に立ちます。

葉っぱが出る前に花を咲かせるという「先んずれば、植物を制す」という婚活は、栄養を蓄えることのできる樹木では可能です。でも、タネから発芽したばかりの芽生えには、この芸当を真似することはできません。多くの植物では、葉っぱが成長したあとに花が咲きます。花が咲いたあと、タネや実をつくるのに栄養が必要だからです。

ふつうには、タネや実をつくるための栄養は、葉っぱが茂って、光合成をして蓄えられるものです。葉っぱのつくってくれる栄養を使って、タネや実は成長するのです。そのため、葉っぱが先に出て、栄養をつくり蓄えなければなりません。樹木なら、幹や枝や根に栄養を蓄えています。そのため、これらの植物は花を先に咲かせることができるのです。栄養を蓄えている樹木だからこそ、このような芸当は可能です。

これらの植物たちは、自分の特性をみごとに生かして、ほかの植物たちと競っているのです。こんな芸当を工夫している、これらの植物たちに、〝あっぱれ！〟という言葉はふさわしいでしょう。

春の花壇は生存競争の大舞台

一つの鉢植えに、多くの花を咲かせた植物たちがいっしょに植えられ、「寄せ植え」として仕立てあげられることがあります。狭い場所や容器に、いっしょに花を咲かせ、いかにも仲良さそうに見受けられます。でも、そのように感じられるのなら、それは〝誤解《ごかい》〟です。寄せ植えのつくり手がそのように見せようとしているのなら、それは〝偽装《ぎそう》〟です。

「寄せ植え」よりもっと大規模なのが、春の花壇です。春の花壇を見ると、いろいろな種類の植物たちがいっしょに育ち、いっしょに花を咲かせています。だから、うっかりすると、「植物たちは、仲良しだな」という印象を受けます。でも、そのように感じられるのなら、この仲良しも、〝誤解〟でしょう。花壇のつくり手がそのように見せようとしているのなら、やっぱり、それは〝偽装〟でしょう。

種類の違う植物たちが、寄せ植えや春の花壇でいっしょに花を咲かせている場合、私たちが見かけから感じるほど、仲が良いことはないはずです。なぜなら、それぞれの植物は、自分のところに虫が寄ってきてくれたら、子どもを残せる可能性が生まれるのです。ですから、同じ種類の仲間の植物はいっしょに花を咲かせて仲良しでいいのですが、違う種類の植物とは、虫を誘い込む競争をしなければなりません。

だからこそ、花の色や形、模様は、それぞれの植物の種類ごとに違っています。香りはそれぞれの植物ごとに独特のものです。蜜の味も、植物の種類ごとに違うのです。それぞれの種類の植物たちは、花の色や形、香りや蜜の味に工夫を凝らして、魅力を競い合っているのです。

寄せ植えや春の花壇は、花咲いている植物たちにとって、婚活のための会場です。というより、春という限られた季節に婚活を終え、子どもを残さねばならない植物たちには、自分たちの子孫を残せるかどうかの生存競争を繰り広げている場なのです。少し大げさにいうと、子孫の存続をかけて、虫を誘う魅力を競い合っている生存競争の大舞台です。

種類の違う植物たちは、お互いがライバルなのです。多くの種類の植物が集まって花を咲かせるのですから、少し見方を変えれば、競争はしていても、仲は悪くないかもしれません。たくさんの花々がいっしょに咲き誇ることによって、バラバラに花が咲くより、虫へのアピール度はずっと高くなります。だから、みんなで協力して虫を引き寄せる効果はあります。多くの虫たちが春の花壇に寄り集まってくるでしょう。そのあとに、本格的な競争が繰り広げられるのです。

ちょうど、私たち人間の婚活と同じです。婚活のイベント会場に、仲の良い友だちと誘い合ってくる人もいるでしょう。しかし、集まったあとの会場では、理想の異性の気をひくため、あるいは、結婚のパートナーを求めての競争がはじまります。たとえ誘い合って参加した友だちであっても、同じ人に好意を寄せることもあるでしょう。そんなとき、その人に関心をもたれるための競争をしなければならない強力なライバルとなります。

私たち人間の場合でも、植物たちの場合でも、そんな激しい競争の中では、自分の魅力は高くなければなりません。だから、競争にのぞむ植物たちは、自分たちの魅力を一段と高めるために個性を磨き、魅力を高める〝あっぱれ〟な工夫を凝らしています。

タンポポの花

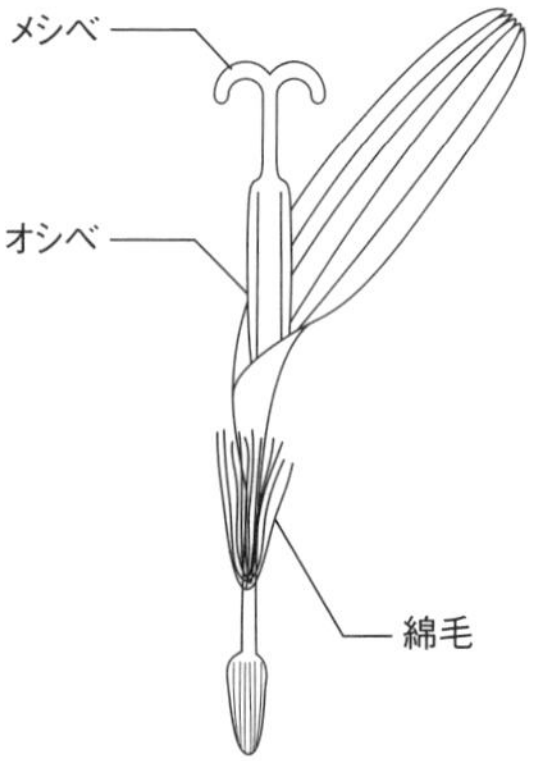

集まれば魅力倍増?

そんな植物たちの代表は、小さな花が集まって、いっしょになって目立つ花を咲かせるキク科の植物です。キク科の代表的な植物は、タンポポです。私たちがふつう「タンポポの花」とよんでいるのは、一つの花ではなく、多くの花の集まりです。花びらのように見える一枚一枚が、一つ一つの花なのです。一つの花びらをつまみ出すと、オシベ、メシベがそろっています。この花の一枚の花びらが平らで舌のように見えるので、「舌状花《ぜつじようか》」といいます。

これらの舌状花の花びらを注意深く観察すると、一枚の花びらの先端に四つの浅い切れ込みがあります。一つの切れ込みは、二枚の花びらがくっついたときにできる境目です。だから、一枚の花びらに四つの切れ込みがあるということは、五枚の花びらが並んでくっついて一枚になったことを示しています。

もし細長い花びらを一枚だけもっている花が一つだけ咲いていても、目立ちません。そこで、これらの小さい花が集まって大きな花に見せているのです。これを「頭花《とうか》」、あるいは、「頭状花《とうじょうか》」といいます。頭状花を咲かせるのは、キク科の植物の特徴の一つです。

フキやアザミも、キク科の植物です。だから、花は多くの小さな花が集まった頭状花です。ところが、これらの花には、花びらのようなものは見当たりません。これらの植物では、舌状花がなく、管のような筒状の小さな花が集まって頭状花ができています。これらの花は、「筒状花《とうじょうか》」、あるいは、「管状花《かんじょうか》」とよばれます。小さな筒状花が集まって、目立つ花、すなわち、頭状花になっているのです。

コスモス、ヒマワリ、ツワブキ、マーガレットなどの花は、花のまわりに花びらのように見える舌状花があります。ハルジオンやヒメジョオンも同じタイプの花です。舌状花に囲まれて何十個、何百個の筒状花があります。舌状花の花びらを並べて虫に目立ち、中央部の筒状花でタネをつくるという役割の分担を決めている花です。

小さな花が集まって、大きな花のように目立たせるのは、キク科の植物だけではありません。ナノハナは、一つ一つの花が小さいです。だから、離れて咲いていると、遠くから見たとき、虫にはあまり目立ちません。それでは、ナノハナは困ります。だから、小さい黄色の花が丸い房のように集まって咲きます。黄色の花がいくつか集まって大きな花のようになって咲けば、虫たちに「ここに花が咲いているよ」と強くアピールできます。

これらは、それぞれの種類の植物たちが知恵を絞って個性を磨いて、魅力を高めて婚活にのぞんでいる例です。婚活をする人たちにとっては、植物たちを〝あっぱれ！〟と讃えているだけでは終わりません。婚活の親睦パーティーでは、多くの人と魅力を競い合わねばなりません。そんなとき、やっぱり目立つためには、個性が磨かれていなければなりません。

他の人をしのぐ高い魅力は、個性から生まれます。婚活にのぞむには、個性を磨きあげて、魅力を高めねばなりません。趣味、特技、知識、話術、身だしなみ、着こなしなど、洗練しなくてはならないでしょう。婚活とは、植物たちにとっても、私たちにとっても、浮かれた気分でできるものではなく、むずかしいものなのです。

色も香りも、魅力は手づくり

植物が花を大きく見せる工夫は、小さい花を集めたり、花びらを大きくしたりするだけではありません。別の方法で、花を大きく見せようとする植物たちがいます。

拙著『花のふしぎ100』（ソフトバンククリエイティブ　サイエンス・アイ新書）の中に、「ハナミズキの淡紅色の花を見て、『きれいな色の花びらだ』といったら、『あれは花びらではない』といわ

ハナミズキの花（撮影・勝田真穂）

れました。どういうことですか」という質問を取り上げました。それに対して、「これは、おもしろい」と多くの読者にほめてもらった回答があります。それはこんな内容でした。

「こんな小話があります。『飛んでいるハトが何かを落としたよ』に対して『ふん』と答え、また、『あそこの角で囲いを建ててるよ』に対して『へい』と答えるのです。これらは、それぞれ返事を『ふん（糞）』と『へい（塀）』に洒落《しゃれ》たものです。これにならって、『ハナミズキの花びらは、花びらでないよ』といわれたら『ほう！』と感心してください。教えてくれた人はびっくりするでしょう」という内容でした。

ハナミズキの花では、きれいに色づいているのは花びらではなく、「苞《ほう》」なのです。苞とは、本来、花の下部につく小さな葉っぱですが、それが大きく成長して色をつけて、花びらのようになって、花を取り囲んでいます。ハナミズキのほんとうの花は、真ん中にある小さいツブツブです。そのまわりを囲い込む白色や紅色の大きな苞（苞葉《ほうよう》ともいう）が、目立たない花を目立つようにして、虫を誘おうとしているのです。「花びらじゃないよ」といわれたら、「ほう！」と感心して洒落にできる植物は、そんなにめずらしくはありません。たとえば、ドクダミやミズバショウは白い大きな花を咲かせますが、白い花びらに見えるのは、苞です。また、ブーゲンビリアの派手な色の花びらに見えるのは、やっぱり、苞です。他に、苞を花びらに見せている花は、ハンカチノキやポインセチアなどです。

苞ではなく、「萼《がく》」を花びらに見せている花もあります。萼とは、本来、花を包むように花びらの外側にあるものです。萼を花びらに見せている花は、アジサイ、オシロイバナ、ジンチョウゲ、サルビアなどです。これらは、目立たない花を萼で目立つようにして、虫を誘おうとする花々です。

最近、私たち人間の社会には、「婚活」という語が、十分に浸透しています。そして、その風潮に乗って、婚活ビジネスの活動が多くの分野にわたっています。「婚活」という明るいイメージを利用して購買の意欲を掻き立てようというのでしょう。

美容院には「婚活カット」があり、お正月には、福袋で「婚活セット」が売り出されています。袋には、人気のワンピースや春のコートが入っているのでしょう。私たちは、これらを利用して「色香で惑わす」ように着飾って装い、魅力を高めます。

でも、私たちと植物たちでは、同じ「色香で惑わす」ように魅力を高めても、何かが違います。私たちの場合、〝色香〟は自分でつくり出したものではありません。服装や髪型、アクセサリーなどで飾り立てます。化粧品、スキンケア、服装、ネクタイやワイシャツの色や模様などを利用します。有名なブランドもののグッズがそのために使われることもあるでしょう。香水やオーデコロンなどで、香りを漂わせることもあるでしょう。これらは、婚活のために取り繕った「見せかけの色香」です。

それに対し、植物たちの〝色香〟は自分たちで工夫を凝らし、苦労してつくり出したものです。植物たちの色香は、色と香りを自分たちでつくり出すことによって醸し出されるものです。それは、取り繕ってそろえられたものでなく、「手づくり」であるからこその魅力なのです。

手づくりだからこそ、それらの魅力はそれぞれの植物ごとに違います。花の色や形、大きさや香り、蜜の味などは、植物ごとに異なります。植物たちが自分独自の工夫を凝らしているのです。「手づくりの魅力」には威力があります。じっとしていても虫や小鳥を引き寄せる力をもっているのです。私たち人間も植物たちを見習い、そんな手づくりの魅力づくりに努力しなければならないでしょう。

植物たちに、「婚活成就の極意は、何ですか」と尋ねたら、「花粉を多くつくること」と、「婚活中であることを知らせ、好意をもっていることを素直に伝えること」と教えてくれるでしょう。それらに加えて、「手づくりの魅力で、自分の存在の価値を高めること」の重要性を身をもって教えてくれています。これほど、的確に、極意を心得ている植物たちは、〝あっぱれ〟です。

でも、植物たちは婚活を成就するだけでなく、そのあとに続く〝実りある生涯を送る〟ための極意も心得ているのです。次の章で紹介します。

第四章

実り多き生涯のために

（二）苦労を経ないと花咲かない不思議

打ち合わせていっしょに花咲く仲間たち

花粉の移動を風や虫に託す植物たちには、花粉をたくさんつくることや、虫をうまく呼び寄せることが大切です。しかし、植物たちが子どもをつくるための婚活を成就させるために、それ以上に大切なことがあります。

風や虫がうまく運んでくれたとしても、花粉を受け取ってくれる仲間の花が咲いていないと、花粉をつけられません。花粉を託された風や虫は、困ってしまうでしょう。そのため、同じ種類の仲間の植物は、同じ時期にいっしょに花咲くことが大切なのです。だから、同じ季節に、仲間の植物はいっせいに、打ち合わせたように、花を咲かせます。その結果、それぞれの種類の植物の花が咲く季節は、植物の仲間ごとに決まっています。

早春に、スイセンやフクジュソウ、春になると、ナノハナやジンチョウゲが花咲き、それに続いて、タンポポやレンゲソウ、サクラやチューリップ、フジの花が咲きます。初夏にカーネーションやアジサイ、クチナシ、夏にオシロイバナ、アサガオやヒマワリ、秋にはキクやコスモス、ヒガンバナやキンモクセイなどが花咲きます。

「仲間の花々が花粉のやり取りをできるように、同じ季節に、仲間がいっせいに、打ち合わせたように、花を咲かせるのです」といっても、季節の期間は長いです。「春に咲こう」と決めておいても、春早くに咲く花と、春遅くに咲く花とは出会うことはほとんどありません。ですから、同じ季節に花を咲かせるだけでは、花粉のやり取りはできません。

そこで、そんな心配をする植物たちは、季節ではなく、月日を限定して花を咲かせます。花の咲いている期間の短い植物たちには、月日を限定して、仲間といっしょに花を咲かせることが大切なのです。

たとえば、ソメイヨシノは「春の花」の代表ですが、春の間ずっと、咲いているわけではありません。「世の中は三日見ぬ間の桜かな」と、詠われます。サクラの花がいっせいにあっという間に散る様子から、世の中の移り変わりの激しさを象徴するのに使われます。しかし、もともとは、「世の中は三日見ぬ間に桜かな」であり、「三日間気づかずにいたら、サクラがいっせいに咲いて、サクラの花が咲きそろっていた」という意味であるといわれます。

いずれにせよ、サクラは、ぱっと咲きそろい、あっという間に散ってしまいます。私の住んでいる京都市での開花は、遅い年や早い年がありますが、およそ四月五日を中心に、前後わずかに一週間ほど咲くだけです。

地方や年により、植物が花を咲かす月日は多少ずれますが、私の暮らす関西地方では、ハナ

花ごよみ

	花木	草花
1月	ウメ	フクジュソウ
2月	ツバキ	スイセン
3月	モモ	ナノハナ
4月	サクラ	チューリップ
5月	フジ	カーネーション
6月	アジサイ	ハナショウブ
7月	クチナシ	ユリ
8月	サルスベリ	アサガオ
9月	ハギ	ヒガンバナ
10月	モクセイ	コスモス
11月	サザンカ	キク
12月	ビワ	ツワブキ

（昭和33年国民投票による）

出典：『花ごよみ花時計』（滝本敦著 中央公論社）

ミズキは五月中旬、フジは五月下旬、アジサイは六月上旬、クチナシは六月下旬などのように、それぞれの植物たちが月日を限定して花を咲かせます。ヒガンバナは、秋の彼《ひ》岸《がん》のころに限って花咲きます。

秋に咲くキンモクセイの花の香りはあまりに印象深いので、「秋の香り」といわれます。そのため、キンモクセイの花は、秋の間、長く咲いているように思われがちです。しかし、花が咲く期間は意外と短く、関西地方なら、一〇月上旬の一〇日間ほどのごく限られた期間にだけです。だから、香るのは、秋のごく一時期です。

多くの植物が月日を限定して花を咲かせる性質をもっていることを象徴するのは、「花ごよみ」です。古くから、月ごとに、花を咲かせる花木や草花が定められています。掲載される百科事典や図鑑により、花ごよみに取り上げられる植物は多少変わることがあります。しかし、いずれもその月にふさわしい納得のいくものが選ばれています。

サクラが「ひと花咲かせる」ためには？

花が咲くためには、まず、ツボミができなければなりません。ですから、植物たちが花を咲かせる時期をそろえるために大切なのは、ツボミができる時期をそろえることです。次に大切なのは、できたツボミの成長をそろえることです。

春に花咲く樹木である、ウメ、サクラ、ツツジ、コブシ、モクレン、ハナミズキなどの場合には、前年の夏にツボミがつくられます。そして、秋に、寒さを乗り切るための「越冬芽《えっとうが》」という芽にツボミを包み込みます。これは、冬の樹木で見られる硬い芽です。越冬芽で冬を越し、春の開花に備えます。そのため、春に暖かくなって、越冬芽の中のツボミがそろって成長をはじめると、開花の時期がそろいます。

大切なのは、越冬芽の中に包み込まれているツボミが冬のきびしい寒さを体感したあと、成長をいっせいにはじめることです。もしツボミが冬の寒さに出会わなければ、成長はおこりません。冬の寒さがきびしくないと、春になって、ツボミの成長はだらだらと遅れてしまいます。ツボミの「目覚めが悪い」と表現される現象です。

この現象は、サクラのソメイヨシノでよく見られます。ソメイヨシノは、春、早くに暖かくなれば、早く咲きます。だから、開花前線は暖かい南から北上してきます。そのため、ソメイヨシノの日本一早い開花宣言は、ふつうなら、暖かい地方から発表されます。四国の高知市や宇和島市、九州の熊本市などが一番になることが多いです。

ところが、近年、東京が、たびたび「日本一早い開花宣言」を出します。これは、東京の春の温度が高知市や宇和島市、熊本市などより高いからではありません。温暖化が原因かどうかは定かではありませんが、高知市や宇和島市、熊本市などの冬の温度が高いことが原因です。

冬の温度が高いために、春になっても、これらの地方のソメイヨシノのツボミの目覚めが悪いのです。それに対し、東京の冬の寒さはまだまだきびしいので、ツボミの目覚めがいいのです。その結果、東京が一番早い開花宣言を出します。

サクラは、特に、冬のきびしい寒さを体感したあと、暖かくなると、「春が来た」と安心してツボミの成長をはじめるという用心深い性質をもっています。そのため、「もし暖冬化が進行して、冬の温度がもっと高くなると、春になっても、サクラの花が咲かないという現象がおこるかもしれない」と心配されることもあります。

冬の寒さを受けたあとに、越冬芽のツボミがどのくらいの気温で成長をはじめるかも大切です。成長がはじまる温度が何度かは、厳密に知られているわけではありません。しかし、ツボミの成長がはじまる温度は、植物の種類ごとにほぼ決まっています。

たとえば、ウメのツボミは、サクラのツボミよりも、少し低い温度で成長をはじめます。だから、ウメのツボミはサクラのツボミよりも早くに花咲きます。東北地方や北海道では、サクラとウメが同じころに咲くことがありますが、それ以南の地方では、サクラの花がウメの花より早くに咲くことはありません。

ハナミズキのツボミは、サクラのツボミよりも、少し高い温度で成長をはじめます。ですから、ハナミズキの花はサクラの花よりも遅くに咲きます。ハナミズキがサクラより早くに花咲くことはありません。

このように、ツボミの成長がはじまる温度は、植物の種類ごとにほぼ決まっています。このため、冬から春に向かって徐々に暖かくなっている限り、毎年、春の花木が花を咲かせる順番は変わりません。ある年は、サクラの花がウメより先に咲くということはないし、ハナミズキの花がサクラの花より先に咲くということはありません。

春に花咲く多くの花木のツボミは秋にすでにつくられていますが、秋には、春の暖かさを与えても、開花はおこりません。それなのに、冬の低温を体感したあとには、暖かさに反応して、開花がおこります。ということは、冬の低温を感じて、ツボミの中で、暖かくなったら開花するための何かがおこっていることになります。いったい、冬の寒さの中で、ツボミに何がおこるのでしょうか。

第一章で、自然の中で春に発芽するタネは、冬の間、寒さにただ耐えているだけではなく、土の中で寒さを体感し、冬の通過を確認しつつ、発芽の準備を進めていることを紹介しました。同じことが、越冬芽の中でおこります。

低温を体感する前の越冬芽の中には、開花を阻害する物質であるアブシシン酸という物質が多く含まれます。そして、低温を感じるにつれて、この物質の量が少なくなります。寒さを感じることで、開花を阻害するアブシシン酸は分解されてなくなるのです。

一方、冬の低温を感じたあとに、暖かくなってくると、ツボミの中にジベレリンという物質の量が増えます。これは開花を促進する物質です。ですから、「ツボミが低温を感じると、開花を阻害する物質が分解され、暖かくなるにつれて、開花を促す物質が合成されて、開花がおこる」ということになります。

このように、春に花を咲かせる樹木は、前の年の夏にツボミをつくったあと、冬のきびしい寒さを通過することを目印にして、ツボミが成長をはじめる時期をそろえます。そのため、開花の時期をそろえることができ、仲間の植物はいっせいに、春の同じころに花咲くようになっています。

私たちが何かを達成して「ひと花咲かせる」ためには、苦難の時期を耐えねばなりません。

樹木も春に「ひと花咲かせる」ために、冬の間、きびしい寒さに耐えて準備をしているのです。

チューリップが「ひと花咲かせる」ための苦労とは？

春に花咲く樹木と同じように、春に花咲く球根類のツボミは、前年の夏ごろに、球根の中でつくられます。スイセン、ヒヤシンス、チューリップなどです。これらのツボミが成長をはじめるための温度プログラムが、植物の種類ごとに決まっています。

チューリップは、暖かい春に花を咲かせる代表的な植物です。ところが、花屋さんの店頭では、この花がクリスマスやお正月のころから出はじめます。そして、二月というもっとも寒い時期に、今を盛りと色とりどりに咲き誇ります。

ふつうなら、「なぜ、暖かい春に咲く花が、こんな寒い時期に咲いているのか」と、さぞ不思議に思われるはずです。ところが、毎年、見慣れているためか、多くの人々に不思議がられることがありません。「どうして、こんな寒い時期に、チューリップの花が咲いているのか」と、あえて問えば、ほとんどの人から「暖かい温室で栽培されているから」という答えが即座に返ってきます。答える人の顔には、「なぜ、そんな当たり前のことをわざわざ質問するのか」というような怪訝な表情が伴っています。

花を咲かせるためにチューリップが暖かい温室で栽培されているのは、事実です。だから、その答えがまちがっているわけではありません。でも、それでは、何か物足りません。なぜなら、チューリップが花を咲かせるためにしている苦労に触れていないからです。「暖かい温室で栽培されたから」といって、チューリップの花は冬に咲くわけではないのです。

庭や花壇では、チューリップの球根は秋に植えられますが、そのときには、ツボミが球根の中につくられています。かわいそうですが、秋に包丁で球根を切って中を見てください。球根の中央に、ツボミがすでにできています。

「夏にツボミができているのなら、なぜ秋に咲かないのか」という疑問が浮かびます。チューリップのツボミはできたあとに、八度、九度という低い温度を三〜四カ月間受けないと、成長しないのです。自然の中では、秋に球根を植えつけると、冬の寒さにさらされることで、この条件は満たされます。だから、春に暖かくなると、ツボミが成長をはじめ花咲くのです。

この温度プログラムを利用すれば、クリスマスやお正月ごろに、チューリップの花を咲かせることができます。ツボミができたあとに成長をはじめるために必要な、八度、九度の温度に三〜四カ月間、出会わせるという条件を満たせばいいのです。

七月ごろに球根を掘り上げたあと、すぐに、三〜四カ月間、冷蔵庫に入れます。そこで冬の寒さを体感させるのです。そのあと、春のような暖かい温室で育てればいいのです。すると、芽や葉っぱ、ツボミが成長をはじめます。これが、チューリップの花を早く咲かせる促成栽培《そくせいさいばい》です。

スイセンもヒヤシンスも、チューリップと同じように、冬の寒さに出会うことを折り込んだ開花までの温度プログラムが、それぞれ決まっています。その温度プログラムに沿って、冬の寒さを受け、春に暖かくなると、ツボミが成長して、いっしょに花を咲かせます。

このように、春に花を咲かせる球根類は、前の年の夏ごろにツボミをつくり、冬の寒さを体感して、ツボミが成長をはじめる時期をそろえます。そのおかげで、開花の時期をそろえることができ、仲間はいっせいに、春の同じころに花咲くのです。

春に花咲く球根類の植物も、私たちや、春咲きの樹木と同じように、「ひと花咲かせる」ために、冬の間、きびしい寒さに耐えるという苦労をしているのです。仲間といっしょに花咲くための巧みなしくみに〝あっぱれ！〟と感服せずにはいられません。

このように、春に花を咲かせる樹木や球根類では、夏にツボミがつくられ、仲間がいっしょに春に花咲くように調節されています。しかし、春にツボミをつくり春に花を咲かせる植物たちは多くいます。また、夏にツボミをつくり秋に花を咲かせる植物たちも多くいます。これらの植物は、どのように、花の咲く時期をそろえているのでしょうか。

これらの植物では、ツボミができるとそのまま成長して、花が咲きます。それゆえ、これらの植物にとっては、ツボミをつくりはじめる時期をそろえることが大切です。どのようにツボミをつくりはじめる時期はそろえられるのでしょうか。次節で、紹介します。

(二) なぜ、花は春と秋に咲く?

暑さと寒さはタネで耐える

多くの植物たちが、春と秋に花を咲かせます。夏や冬に花を咲かせる植物は、あまり多くありません。なぜ、多くの植物たちが、春と秋に花を咲かせるのでしょうか。

植物が春に花を咲かせると、夏の暑さが来るころには、タネができます。タネは、暑さに強く、暑い夏には、地面や土の中で生きていられます。だから、夏の暑さが来るころにできたタネは、暑い夏が来ても、生きのびることができます。暑さに弱い植物は、つらい夏を暑さに強いタネの姿で過ごすために、夏の前の季節である春に、花を咲かせるのです。

逆に、秋に花咲く植物は、冬の寒さをタネで過ごすために、秋に花を咲かせます。寒さに弱い植物は、つらい冬を、寒さに耐えられるタネの姿で過ごします。そのために、冬の前の秋に、花を咲かせ、タネをつくるのです。

結局、植物には、暑さや寒さに弱いものが多く、暑さに弱い植物たちは、春に花を咲かせて、タネをつくり、寒さに弱い植物たちは、秋に花を咲かせて、タネをつくります。タネで夏の暑さ、冬の寒さをしのぐためです。だから、暑くなる前の季節である春と、寒くなる前の季節である秋に、花を咲かせる植物が多いのです。

この説明の通りだとすると、「春に花咲く植物は、春の間に、もうすぐ暑くなることを前もって知っている」ことになります。また、「秋に花咲く植物たちは、秋の間に、もうすぐ寒くなることを前もって知っている」ことになります。

春の間に、植物たちはもうすぐ暑くなることをほんとうに前もって知っているのでしょうか。また、秋の間に、植物はもうすぐ寒くなることを前もって知っているのでしょうか。植物たちがそんな能力をもっているとは、容易には納得できません。しかし、この疑問に対する答えは、「植物たちは、暑さ、寒さの訪れを前もって知っている」というものです。

暑さ寒さを予測する、あっぱれなしくみ

では、植物たちはどのようにして、暑さや寒さの訪れを前もって知るのでしょうか。その疑問に対しては、「植物たちが、葉っぱで夜の長さをはかるから」というのが答えです。この答えを知れば、次には、「葉っぱが夜の長さをはかれば、植物たちは暑さや寒さの訪れを前もって知ることができるのか」という疑問が出るでしょう。これに対しては、「前もって知ることができる」が答えです。

実際に、夜の長さの変化と気温の変化の関係を考えると、この答えはわかりやすく理解されます。たとえば、春から考えはじめると、夜の長さはだんだん短くなり、もっとも夏らしく夜が短いのは、夏至の日です。この日は、六月下旬です。それに対して、もっとも夏らしい暑さになるのは八月です。夜の長さの変化は、暑さの訪れより、約二カ月先行しています。

夜の長さは、夏至の日を過ぎて、だんだんと長くなります。夜の長さがもっとも冬らしく長くなるのは、冬至の日です。これは、一二月下旬です。それに対し、冬の寒さがもっともきびしいのは、二月ごろです。夜の長さの変化は、寒さの訪れより、約二カ月先行しています。

だから、植物たちは、葉っぱで夜の長さをはかることによって、暑さや寒さの訪れを約二カ月、先取りして知ることができます。この二カ月間ほどを利用して、夏の暑さが来るまでに、あるいは、冬の寒さが来るまでにツボミをつくり、花を咲かせ、タネをつくることができるのです。

「植物は、ほんとうに、夜の長さを感じてツボミをつくり、花を咲かせるのか」と、疑問に思われるかもしれません。この疑問は、アサガオを使った、次のような簡単な実験で確かめることができます。

発芽したばかりのふた葉のついたアサガオの株を二鉢準備し、一日中、電灯で照明した場所で育てます。アサガオは、長い夜が与えられると、ツボミをつくる植物です。だから、電灯がつけっ放しの夜の暗黒がない条件では、アサガオの芽生えはツルを伸ばして成長しますが、いつまでもツボミをつくりません。

栽培しているある日に、二つの鉢の一方だけに、夕方から、段ボール箱をかぶせて、朝までの長い夜の暗黒を与えます。そのあとは、また二つの鉢とも、一日中、電灯で照明した同じ場所に置き、芽生えを育てます。

数週間すると、一方の鉢植えには、ツボミができて、やがて花が咲きます。もう一方の鉢植えのアサガオは、ツボミをつくらずに、ツルを伸ばし続けていきます。二つの株の違いは、花が咲いた芽生えは、ただ一回、段ボール箱をかぶせられて、長い夜の暗黒が与えられたことだけです。その日以外は、両方ともが、同じ場所で、同じように育てられてきました。だから、花を咲かせた芽生えは、長い夜の暗黒を感じてツボミをつくったことになります。

この実験では、夕方に段ボール箱をかぶせて、朝までの長い夜の暗黒を与えました。実は、アサガオの芽生えに段ボール箱をかぶせて夜の暗黒を与えても、十分な長さがなければ、ツボミはできません。たとえば一回のみならず、二回、三回と暗黒を与えても、一回が約九時間以下の場合には、ツボミはできません。

与える夜の暗黒の長さをだんだん長くしていき、品種にもよりますが、九時間三〇分を超えだすと、ツボミがつくられはじめます。だから、アサガオの芽生えは、夜の暗さを感じてツボミをつくるだけでなく、その夜の長さをきちんとはかって、ツボミをつくっているのです。

このように、多くの植物たちは、花を咲かせて子ども（タネ）をつくるという大切な行為を、夜の長さに依存しているのです。この性質をもつ植物たちは、夜の長さをほんとうに正確にはかって、ツボミをつくります。

刺身に添えられている緑の葉っぱがあります。「大葉」ともよばれますが、シソという植物です。この植物も、長い夜を感じると、ツボミをつくる植物です。夜の暗黒の長さが九時間四五分あれば、ツボミをつくります。ところが、九時間三〇分ではツボミをつくりません。わずか一五分間の違いを識別して、ツボミをつくるかつくらないかが決まるのです。葉っぱが夜の長さをはかる感覚は、想像以上に正確なのです。

秋に花を咲かせ、トゲだらけの「ひっつき虫」とよばれる実をつくる植物があります。投げつけると衣服にひっつくのでこの名がつけられましたが、オナモミという雑草です。ひと昔前には、野原や川の土手によく生えていました。この植物は、夜の暗黒の長さが八時間三〇分あれば、ツボミをつくります。しかし、八時間一五分では、ツボミをつくりません。

イネも長い夜を感じてツボミをつくる植物です。ある品種のイネは、夜の暗黒の長さが一〇時間あれば、ツボミをつくります。これより一五分間短いだけの九時間四五分の暗黒の長さでは、いつまでもツボミをつくりません。多くの植物が、約一五分間の夜の暗黒の長さの違いを識別しているのです。

植物たちがもつ時間をはかる感覚はきわめて正確で、私たち人間にはとうてい真似できません。「何をしていてもいいですが、一〇時間したら出てきてください」といわれて、真っ暗な部屋に入れられたら、どのくらい正確に出てこられるでしょうか。もし暇があったら是非試してみてください。誤差が一五分間以内で出てくるのは、むずかしいでしょう。

多くの草花たちがもつ、時をはかる感覚の正確さには、〝あっぱれ！〟と感服します。

早すぎれば？ 遅すぎれば？

植物たちは、夜の長さを正確にはかってツボミをつくります。「なぜ、暗黒の長さをはかるのが、そんなに正確なのか」と問われれば、「正確な時計をもっているから」と答えることができます。しかし、「どんな時計ですか」とか、「その時計は、どんなしくみですか」などの質問には答えることができません。植物がもっている時計の正体が、まだ解明されていないからです。

しかし、「なぜ、植物はそんなに正確に、夜の長さをはからなければならないのですか」という疑問には答えることができます。夜の長さをはかってツボミをつくるのが早すぎても遅すぎても、植物はすごい不利益をこうむったり、ひどい場合には絶滅してしまったりするからです。

アサガオを例に考えましょう。まず、ツボミをつくるのが早すぎる場合です。アサガオの発芽したばかりのふた葉の葉っぱには、夜の暗黒を感じ、その長さをはかる能力がすでにありま す。だから、発芽したばかりのふた葉の葉っぱに十分に長い夜の暗黒を与えると、小さい芽生えのうちに、ツボミをつくらせることができます。

こうしてツボミをつくらせると、芽生えのもっとも先端にある芽がツボミになります。この芽は、ツボミにならなければ、次々と葉をつくり、芽を伸ばしていきます。ところが、芽がツボミになると、その後はもうツルは伸びませんから、小さい植物のままです。そのような小さな植物が花を咲かせたら、花の数はわずかですから、少しの個数のタネしか残せません。

大きくなってから花を咲かせる方が、多くの花を咲かせることができ、多くのタネをつくれます。だから、多くの子どもを残せます。正確に夜の長さをはかるのは、夜の長さが短いうちに、すなわち、あまり早くに、ツボミをつくらないようにしているのです。

だからといって、アサガオが、「大きくなってから花咲く方が、多くの花を咲かせ、多くのタネをつくれるから」と、夜が長くなっているのにいつまでもツボミをつくらずに成長を続けていると、冬が近づいてきてしまいます。すると、寒くなってしまい、ツボミをつくれなくなり、タネを残せません。あるいは、ツボミをつくっても、花を咲かせなくなり、タネをつくれなくなります。あるいは、花は咲いたけれども寒くなってタネはつくられないということになります。

夏遅くから秋にかけて花を咲かせる植物にとっては、タネは冬の寒さを過ごすために必要なものですから、タネができなければ、この植物は冬を越せません。だから、子どもを残せず、絶滅してしまいます。

また、春に花を咲かせる植物でも同じように考えられます。春に花咲く植物は、冬至の日を過ぎて夜が短くなってくると、短くなってきた夜の長さを感じて、ツボミをつくります。でも、あまりに早くに花を咲かせると、からだが十分に成長していないので、多くのタネを残せません。

よく成長してから花咲く方が、多くの花を咲かせ、多くのタネをつくれます。だからといって、夜が短くなっているのにいつまでもツボミをつくらないと、夏が来てしまいます。春に花を咲かせる植物は夏の暑さに弱いのですから、夏が来てしまうと、夏の暑さのために枯れてしまいます。その結果、子孫を残せません。だから、絶滅してしまいます。

ナノハナは、三月ごろに、少し暖かくなりはじめると、一日に約一〇センチメートルも背丈を伸ばします。この植物が背丈を伸ばすのは、伸びた茎の先端に花を咲かせるためです。「なぜ、そんなに急いでいるのか」と不思議に思えるほど、春の初めにグングン背丈を伸ばし、その先端に花を咲かせます。

冬の寒さの中で育ってきたナノハナは、初夏の暑さに耐えられない性質なので、暑くなるまでに花を咲かせ、タネをつくろうとしているのです。グングン背丈を伸ばすのは、その先端に花を咲かせ、目立ち、虫に「ここに花が咲いているよ」とアピールできるからです。

自然の中で、多くのタネをつけようとして、植物がいつまでも自分のからだを大きくしていたら、秋に花を咲かせる植物なら、寒い冬が来てしまいます。春に花を咲かせる植物なら、暑い夏が来てしまいます。だから、花を咲かすことができず、タネを残せません。

タネが残せなければ、その植物は絶滅してしまいます。そんなことがおこらないように、植物たちは、厳密に夜の長さをはかり、ツボミをつくるタイミングをはかっているのです。そんなしくみを身につけて、自然の中を生き抜いている植物たちの〝あっぱれ〟な生き方に感服せざるを得ません。

(三) 仲間とのあっぱれな絆

実り多き生涯のために大切なのは？

同じ種類の植物は、花粉をやり取りするために、打ち合わせたように、同じ季節や同じ月日に、花を咲かせます。しかし、季節や月日を打ち合わせても、まだ安心できない植物たちがいます。開花して一日以内に萎れてしまう寿命の短い花々を咲かせる植物たちです。これらは、同じ季節や同じ月日に花を咲かせるだけでなく、同じ時刻にいっせいに花を咲かせます。

アサガオは、朝に花が咲くと決まっています。ツキミソウは、夕方に花が咲くと決まっています。ゲッカビジンは、夜八時ごろから一〇時ごろにかけて、いっせいに花を咲かせます。オシロイバナは、英語で「フォー・オクロック」といわれ、四時ごろに花が咲く植物です。日本では、夏の夕方、六時ごろに花が咲きます。これらの植物たちは、同じ時刻に、仲間が打ち合わせて、「いっしょに、ツボミを開こう」と、花を咲かせるのです。

公園や遊園地に、「花時計」というのがあります。見に行くと、花壇の上を、時計の針がまわっています。文字盤が花壇であり、花で装飾されただけの時計です。「花時計」は、辞書(広辞苑)でも、「文字盤に花を美しく植え込んだ大きな時計。公園や広場などに設ける」と説明されています。だから、これでいいのかもしれません。でも、本来の「花時計」は、花壇の上を時計の針がまわるという味気ないものではありません。

一八世紀、スウェーデンの植物学者、カール・リンネがつくろうとした花時計は、時計盤状の花壇のそれぞれの時刻の位置にその時刻に花咲く植物が植えられており、どの場所の花が咲いているかを見て、時刻を知る時計でした。

実際に、リンネが描いた花時計には、時刻を決めて花を開く植物だけでなく、時刻を決めて花を閉じる植物も混じっていました。しかし、本来の「花時計」とは、多くの植物たちが同じ時刻にいっせいに花を咲かせる性質を象徴するものです。

「実り多き生涯」という言葉があります。若い人々が社会に巣立っていく卒業式や、結婚式のような新しい人生の門出に際して、「実り多き生涯でありますように」というように使われます。また、「実り多き人生」とか、「実り多き仕事」とか、「実り多き活動」などのように「実り多き」という言葉はよく使われます。

この「実り多き」という言葉は、植物たちがすばらしい多くの実をならせることにちなんだ表現です。しかし、この言葉が頻繁に使われる割には、「植物たちが多くの実を結ぶために、もっとも大切にしていることが、何であるか」ということが、意外と知られていません。何だと思われますか。

花粉の移動を風や虫に託す植物たちには、花粉をたくさんつくることや、虫をうまく呼び寄せることが大切です。でも、植物たちが実り多き生涯を送るために、もっとも大切にしていることがあります。それは、同じ季節の、同じ月日の、同じ時刻に、仲間が打ち合わせていっしょに花を咲かせることなのです。

つまり、植物たちは、一人で美しく香り高い花を咲かせることではなく、「仲間とのつながり」をもっとも大切にしているのです。私たち人間も、実り多き生涯を送り、実り多き仕事や活動をするためには、植物たちにならって、「仲間とのつながり」を大切にしなければなりません。私たちの場合、同じ職場、同じ仕事、同じ趣味など、仲間はいろいろです。しかし、いっしょに力を合わせて努力してこそ、目標は達成でき、実り多き生涯にすることができます。

私たちは、植物たちの〝あっぱれ〟な生き方を見習わなければなりません。

刺激を感じなければ?

「開花時刻の決まっている植物たちは、何を合図に、同じ時刻に、打ち合わせたようにいっせいに花を開かせるのか」という疑問が浮かびます。同じ種類の仲間たちと、どのように、時刻を打ち合わせているのでしょうか。厳密に区別はできませんが、主に、三つのグループに分けられます。

一つ目は、温度が高くなるのに反応して、花を開かせる植物たちです。その代表は、チューリップです。その他には、マツバボタン（ポーチュラカ）、クロッカス、タマスダレなどが、このグループです。自然の中で、朝に太陽が姿を見せてしばらくすると、温度が上がります。だから、これらの花は朝方に開きます。

チューリップの花は、温度が上がったら開き、温度が下がったら閉じます。だから、自然の中では、朝に開き、夕方に閉じます。この性質を確かめるのは、簡単です。たとえば、開きそうなツボミをもったチューリップの鉢植えを準備します。ツボミは、朝は閉じています。だから、朝、温度が上がる前に、暖かい部屋を準備し、そこに鉢植えを移します。すると、鉢植えのツボミは、まもなく開きはじめます。高い温度を感じて、ツボミは開くのです。

しかし、まだ温度の上がっていない部屋に置かれたままの鉢植えのツボミは、閉じたままです。この開かないツボミにも開く能力があることを確かめたければ、高い温度の部屋に移せばよいのです。これらのツボミも開きはじめます。開いたあと、温度が低い部屋に移すと、開いていた花は再び閉じます。

自然の中で朝に開花するマツバボタンのツボミも、夜から低い温度に移し、朝になっても温度が上がらないと、花は開きません。朝にそれらのツボミを高い温度の部屋に移すと、開くチャンスを待ちかねていたように、急いで開きます。夜の温度と移した温度との差が大きいほど、みるみるうちに、ツボミは速く開きます。

二つ目は、太陽がのぼって、明るくなることが刺激となって、花を開かせる植物たちです。タンポポやムラサキカタバミなどが、このグループです。自然の中で明るくなるのは朝ですから、これらの花は、朝に開きます。

ただ、この性質で開花するには、朝を迎えるまでの夜の温度がある程度、高くなければなりません。セイヨウタンポポでは一三度以上、カンサイタンポポ、シロバナタンポポ、ムラサキカタバミでは一八度以上です。

「太陽がのぼって、明るくなることが刺激となっている」といっても、まぶしいほどの太陽の光が当たる必要はありません。たとえば、翌日に開くはずのタンポポやムラサキカタバミの切り花を、前の日の夕方から、温度が二〇度に保たれた真っ暗な部屋に入れておきます。

すると、朝になっても、部屋の中の温度は二〇度で真っ暗なままなので、ツボミは開きません。そこで、蛍光灯の光を点灯すると、ツボミが開きはじめます。だから、ツボミは、蛍光灯の明るさを暗黒と区別して、光を感じていることになります。

蛍光灯の光は、太陽の光に比べると、ずっと弱いです。暗い部屋の蛍光灯の光は明るく感じますが、太陽の光が差し込んでいる場所で蛍光灯を灯しても、灯っているのかいないのかわからないほどです。そんな弱い光で、花々は、朝が来たことを感じ、開きはじめるのです。植物たちは、刺激に対して鈍感だと思われがちです。しかし、けっして、そんなことはありません。チャンスを捉え、それに反応する能力は高いのです。

朝に花を開く植物は、多くあります。その意義は、朝に明るくなったり、暖かくなったりすると、それに合わせてハチやチョウチョなどの虫が活動をはじめるからです。虫に花粉の移動を託す植物たちにとって、虫たちが活動をはじめると同時に花を開くのは、都合がいいのです。

言い換えると、多くの植物たちは、光や温度の変化を刺激として感じて、花を開き、婚活をはじめるのです。

　植物たちの婚活は、花を開かなければはじまりません。花を開かせるためには、「明るくなる」ことや「暖かくなる」ことを刺激として感じることが必要なのです。ハチやチョウチョなどの多くの虫たちもこのような刺激で活動をはじめます。だから、このような刺激があるのに、感じない鈍感な植物や、不感症の植物は、ひと花咲かせることができず、婚活をはじめられません。

　そのような植物は、子ども（子孫）を残せないでしょう。だから、すでに絶滅してしまって、私たちの身のまわりにはいないでしょう。現在、私たちの身のまわりにいる多くの植物たちは、ひと花咲かせるために、何らかの刺激を敏感に感じているのです。

「これらの刺激は、葉っぱや茎が感じているのか、あるいは、ツボミが直接感じているのか」という疑問があるかと思います。その答えは、「ツボミが、直接感じている」です。なぜなら、植物からツボミだけを採ってきて、刺激を与えても、植物についている場合と同じように、ツボミは開花するからです。

暗闇の中の刺激とは？

ツボミが開くためには、ツボミが「明るくなる」や「暖かくなる」ことなどを刺激として感じることが必要です。ところが、「明るくなる」や「暖かくなる」という刺激のない中で、ツボミを開かせる植物たちがいます。三つ目は、これらの植物たちです。どのようにして、同じ時刻にツボミを開かせるのでしょうか。

太陽の輝きやぬくもりを避けて、うす暗くなってから、ひっそりと花を開かせるツキミソウやオシロイバナ、太陽が沈んだ夜の八時ごろから花を開きはじめるゲッカビジン、朝方の暗いうちに開花するアサガオ、ハイビスカス、ホテイアオイ、ビヨウヤナギ、午後三時ごろに花を開かせる、「三時の天使」という名前で市販されているハゼランなどが、刺激のない中で、ツボミを開かせる植物たちです。

このグループの代表は、アサガオです。そのため、アサガオの花は、「なぜ、朝に開くのか」という疑問について、くわしく調べられています。アサガオのツボミは、品種により多少異なりますが、七月には、朝明るくなるころに開きます。しかし、八月から九月にかけては、朝明るくなる前の真っ暗な中で、開花します。朝の明るくなることが、開花の刺激となっていません。また、朝の明るくなる前の真っ暗な中で、温度が上昇することもありません。

小・中学生のころ、夏休みの自由研究にアサガオの開花を観察した人たちは多くいます。この人たちは、このような真っ暗な中で、アサガオのツボミが開くのを見ています。そのため、

「ツボミが開くためには、『暖かくなる』や『明るくなる』などという刺激が必要です」といっても、「そのような刺激がなくても、ツボミは開きはじめるのではないか」という疑念がもたれます。しかし、アサガオが開花するためにも、やっぱり、刺激は必要なのです。

朝の真っ暗な中で開花するツボミは、ずっと真っ暗な中で育ってきたわけではありません。開花前日まで、朝から夕方までは明るく、夕方から朝までは暗いという毎日の明暗の繰り返しの中で、育ってきました。そして、開花する前の日の夕方にも、太陽が沈み、明るい環境から暗い環境に変化するという光環境の変化を受けています。

アサガオのツボミは、開花する前の日の夕方に、「明るい環境から暗い環境に変わる」という「暗くなる」という変化を、敏感に刺激として感じるのです。アサガオは、この刺激を合図に、時を刻みはじめ、約一〇時間後にツボミを開くと決めています。

だから、実際にツボミが開きだすときには、「暖かくなる」や「明るくなる」という刺激はありません。刺激となるような温度の上昇や光条件の変化はおこっていない中でツボミを開かせる植物たちは、「暗くなる」ことを刺激として、時を正確に刻んで、開花の準備を進めるのです。

このように、生物がからだの中で時を刻むしくみを「生物時計」といいます。「なぜ、『植物時計』ではなくて、『生物時計』なのか」と疑問がある方もいるでしょう。からだの中で時を刻むしくみというのは、植物に限られたものではないからです。私たち人間の場合にも、〝時差ぼけ〟という現象は、生物時計があり、それが狂わされることで生じると理解されています。

「アサガオの場合、暗くなってから約一〇時間後ということに、どんな意味があるのか」との疑問もあるでしょう。暗くなってから約一〇時間後というのは、この植物の花咲く季節である夏なら、ちょうど、朝明るくなりはじめ、ハチやチョウチョなどの虫が活動をはじめる時刻です。

「夏休みにアサガオの観察をしている子どもが、朝に明るくなるとツボミが開くことを観察して、『朝、明るくなる前に、明るい光をツボミに当てたら、早く開くのだろうか？』という疑問を抱いています。明るい照明の設備があれば、もっと朝早く、アサガオのツボミを開かせることはできますか」という質問を受けたことがあります。

アサガオのツボミは朝に明るくなると開くわけではないので、明るい照明の設備を準備して、朝方の暗いうちから、ツボミを照射しても、早く開かせることはできません。もし夏の朝早くにツボミを開かせようと思えば、朝に明るい光を当てるのではなく、逆に、前日の夕方に早く暗くすればいいのです。

翌朝に開くようなツボミをもった鉢植えのアサガオがあれば、夕方早くに段ボール箱をかぶせて暗くします。すると、約一〇時間後、朝明るくなる前に段ボール箱を取り除いても、ツボミは開いています。

自然の中では、秋がそれに当たります。秋には夕方早くに暗くなるので、アサガオのツボミは、そこから、時間を刻みます。その場合、暗くなってから約一〇時間後が朝の三時ごろになります。だから、秋には、真っ暗な中でアサガオは開花します。実際には、アサガオのツボミには、朝の温度が低いほど、早く開くという性質もあります。そのため、秋のアサガオの開花は、二〜三時ごろになります。

暗くなることが刺激となって、ツボミが開く時刻が決まっている植物かどうかは、暗黒のはじまる時刻を早めれば、開花する時刻が早くなることで確かめられます。もっと極端な場合、昼と夜を逆にすると、夜の開花を、昼に見ることができます。

ゲッカビジンは、甘い芳香を放ちながら誇らしげに、夜の一〇時ごろに、大きな花を開きます。植物園などでは、この姿を多くの来園者に見せたくても、夜に開園していないと、見せられません。しかし、夜にわざわざ開園するのは大変でしょう。そこで、この花を昼に開かせる方法が工夫されています。

ゲッカビジンを昼に開花させるのは、意外と簡単です。開花三日前くらいの大きく膨らみはじめたツボミをもった鉢植えを、昼は暗い部屋に入れるか、その鉢植えに段ボール箱をかぶせます。一方、夜には、その鉢植えに蛍光灯の光を当てます。こうして、昼と夜を逆転させると、三日後の午前中から午後二時ごろにかけて開花を見ることができます。

「ほんとうに、植物が時間の経過をはかるための時計をもっているのか」という疑いを抱く人がいるでしょう。そんな人々を、納得させるような実験があります。アサガオやツキミソウのツボミを多くつけた鉢植えを温度の変化しない真っ暗な部屋に入れて、ツボミがいつ開くかを観察します。

真っ暗な中ですから手探りで開花を確認しなければなりません。あるいは、うす暗いフラッシュの光で、何時間かごとに写真を撮ります。すると、ほぼ二四時間おきに、ツボミが開くのがわかります。アサガオやツキミソウの花は「一日花」ですから、開いた花は、開花したあと二四時間以内に萎れますが、約二四時間おきに次のツボミが開くのです。この実験をすると、真っ暗な中で植物が約二四時間という時を刻んでいることを確信できるでしょう。

結局、「暗くなる」ことを刺激として感じる植物たちは、ひと花咲かせるために、長い暗闇の中を通過せねばならないのです。これは、人間の人生にも通じることとして、よく比喩的に使われます。「長い暗闇を抜ければ、花が咲く」というときの「長い暗闇」を苦労の時代に置き換え、「長い苦労の時代を抜ければ、ひと花咲かせることができる」というようにたとえ、励ましの言葉として使われます。

心がけ次第で、ただ暗くなるだけということが刺激になります。状況が暗くなっても、落胆することなく、それを刺激として感じ、明るい先を見つめて、暗闇に耐えるという、前向きな生き方をする植物たちの〝強さ〟に感服させられます。〝あっぱれ〟な生き方と讃えていいでしょう。

「大潮の日」の神秘的な刺激

沖縄県の沿岸に、ウミショウブという植物が生育しています。この名前は、海底から長く伸びる姿が、川や池に生えているショウブに似ていることに由来します。雌雄異株の植物で、雄花は、海底に咲きます。雌花は、海面の近くに咲きます。

この植物の背丈は、二メートル近くあります。そのために、このままでは、海底に咲く雄花と、海面近くに咲く雌花が出会うことはありません。だから、雄花の花粉は雌花につくことはなく、子どもを残せません。

そこで、ウミショウブは、進化の過程で、神秘的ともいえる出会いの方法を身につけました。雄花と雌花が出会うのは、真夏の「大潮《おおしお》の日」と決めたのです。「大潮の日」とは、満ち潮と引き潮の差が最大になる日です。その日に、雄株は雄花を咲かせ、雌株は雌花を咲かせます。

雄花は深さ二メートルほどの海底で咲きますが、開花してしばらくすると、茎が放出する気泡に包まれる状態になり、株から切り離されて、次々と海面に浮かび上がってきます。花の大

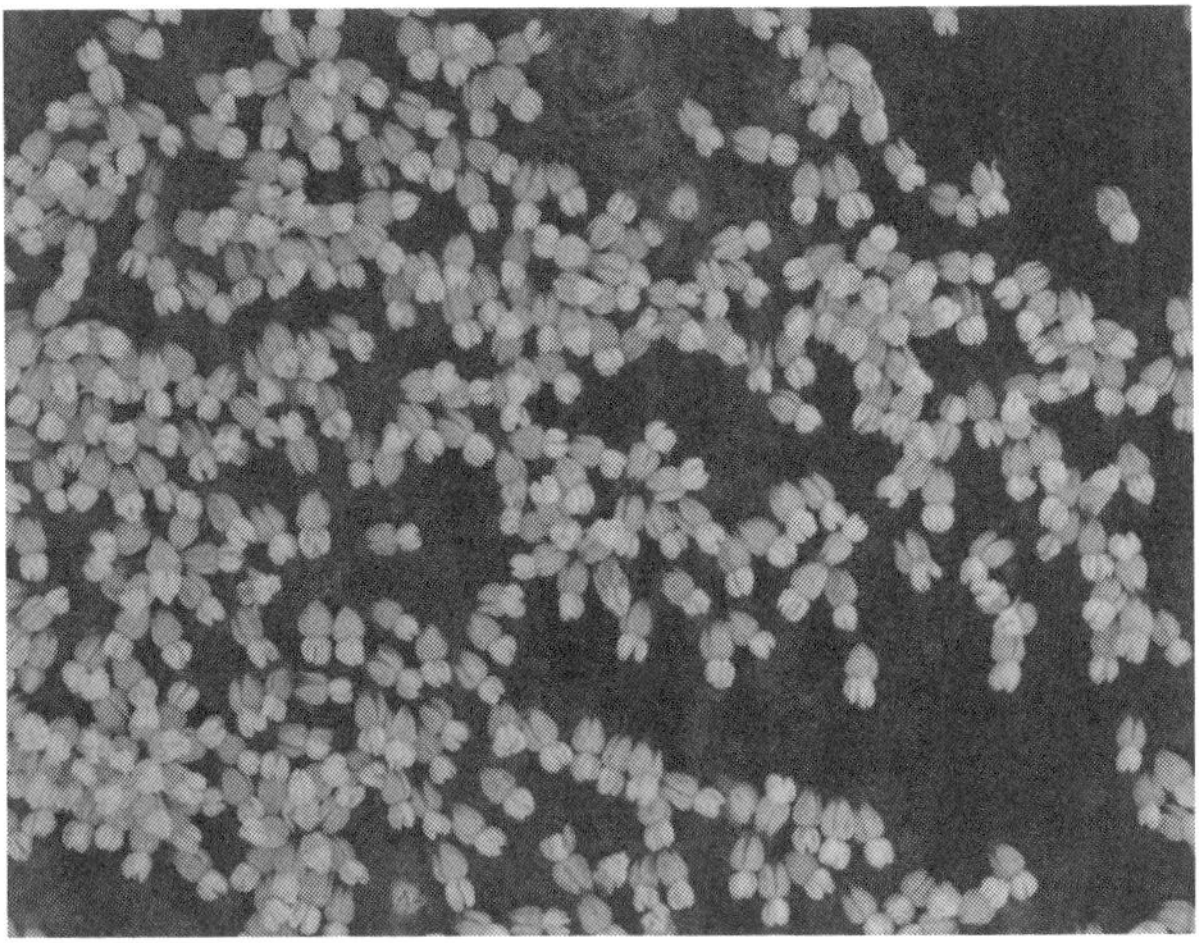

海面に浮かぶウミショウブの雄花（写真提供・東海大学沖縄地域研究センター）

きさは小さく一センチメートルにも満たないものですが、その数は膨大で、海面は花粉をもつ白い花で埋め尽くされます。

この植物は、花粉を運ぶ役目を、虫ではなく、潮の流れに託しています。「子どもをつくるという大切な行為を、どこに流れていくかわからない潮の流れにまかせて大丈夫なのか」と不安になります。ウミショウブも、きっと不安なのでしょう。その不安を打ち消すように、どこに流れていってもいいように、海面を真っ白に染めるほどに、多くの雄花を咲かせるのです。

雌花は海面近くに咲きますが、通常は、水面上に顔を出すことはありません。ところが、大潮の日、潮が引くと水位が低くなって、雌花のある位置は、ちょうど、海面と同じ高さになります。そのときの海面には、埋め尽くすように雄花が漂っています。そこで、雌花と雄花が、めでたく出会うのです。

真夏の大潮の日に、沖縄の沿岸で見られる、神秘的な一大イベントです。海面に漂う雄花と、水位が低くなると海面上に姿をあらわして、それを待ち受ける雌花との運命の出会いです。雄花と雌花はひきつけられるように受粉します。その姿は、「まるで意思をもつ生き物のようだ」と形容されます。そして、雄花のもつ花粉と合体した雌花は、再び水中に沈み、新しい命を生み出します。

不思議なのは、雄花と雌花がいっせいに花を咲かせる大潮の日を、雄株と雌株がどうして知るのかです。どちらが早く咲いても、遅れて咲いても、メシベと花粉は出会うことはありません。「大潮の日」に打ち合わせて、花が咲くしくみは、神秘的というしかありません。この神秘的なしくみに、〝あっぱれ〟と感服です。

第五章 保険をかける植物たち

（一）植物は心配性

万が一、婚活が失敗したら……

植物たちは、健全な子どもを次の世代に残すために、一生懸命に婚活をします。植物たちの婚活は、子どもづくりのためです。植物たちは、その子どもづくりに、いろいろな工夫を凝らしています。

それでも、婚活の成就には相手がいることであり、植物たちの思い通りにいかないこともあります。そんなときでも、子どもづくりを放棄するわけにはいきません。花々は、次の世代へ命をつなぐために、咲いているのです。ですから、婚活の成就のために、万全の対策を講じている植物たちが多くいます。

たとえば、外国で、花の色と姿がネコの目にたとえられて、キャッツアイ（ネコの目）、あるいは、トリの目にたとえられてバーズアイ（鳥の目）とよばれる植物を見てみましょう。秋に発芽し、春早くに、柄のついた直径一センチメートルに満たない大きさの花を咲かせます。四枚の明るい青色の花びらが印象的な花です。その色は、つやのある青い宝石である「瑠璃《るり》」の色に似ているので、「ルリ色」と表現されることが多いです。

　この植物は、オオイヌノフグリです。この植物には、婚活における心配ごとがいくつかあります。まず、花が咲く時期が早すぎます。まだ寒い新春に、おだやかな太陽の光が当たると、花が開きます。日当たりの良い空き地では、一〜二月に、春を待ち切れないように、暖かい日に花を咲かせます。「そんなに急いで花を咲かせても、寒いので、虫が活動していない。だから、花に虫が寄ってこないのではないか」と心配になります。

　しかも、この植物の花は、朝に開いて夕方には萎れてしまいます。開花してから一日以内に萎れる、「一日花」なのです。そのため、もし虫が活動をしていたとしても、虫が訪れるチャンスは、昼間の短い時間に限られています。

　それに加えて、この植物には、オシベがたったの二本しかありません。多くの植物の花には、メシベは一本ですが、オシベは五〜六本以上あります。花粉の移動を虫に託す植物は、虫は気まぐれに飛びまわるので、少しでも多くの花粉をつくろうとするのです。この植物も、子ども（タネ）を残すために、花粉を運ぶ仕事を虫に託します。それなのに、この植物には、オシベがたったの二本しかないのです。

　このように、この植物の婚活には、不利な条件が重なっています。それでも健全な子どもづくりを目指して、花が開いた朝には、二本のオシベが真ん中のメシベからそっぽを向くように離れて立っています。メシベは他の株から花粉が運ばれてくるのを待ち、オシベは他の株に咲く花のメシベに花粉をつけたいのです。

こんな花の姿を見ていると、「子どもをうまく残せるのだろうか」と心配になります。でも、これは老婆心のようです。この植物は、婚活の時期がすっかり終わった初夏には、多くのタネをつくっています。「心配してもらわなくても、よかったのに」といわんばかりに、花が咲いたあとには、ほぼ確実にタネがつくられています。

「なぜだろう」と不思議に思われますが、花が咲いたあとに確実にタネをつくるために、この花には巧みな工夫が凝らされているのです。朝に花が開くときには、この花のメシベは、他の花の花粉を求めて、そばにあるオシベには目もくれません。でも、午後になって花が萎れるときには、メシベから離れていたオシベが、中央のメシベに寄り添ってきてくっつくのです。

このときまでに、虫が他の株の花粉をメシベに運んできていなければ、これでタネができます。この植物は、他の株の花から花粉が運ばれてくることばかりを願っているメシベの強い浮気心に、保険をかけているのです。

自分の花粉を自分のメシベにつけて子どもをつくると、「自分と同じような性質のものしかできない」との心配もあり、「悪い性質が発現する」というリスクもあります。しかし、「子どもができないよりはましだ」と、この植物は覚悟しているのでしょう。動きまわることのない植物たちにとって、成就するかしないかわからない婚活をするためには、このような保険をかけることが大切です。万が一の場合に備える、植物たちの用心深さは〝あっぱれ〟です。

強い浮気心の果てには?

健全な子どもづくりを目指しながら、それがかなえられないときのために、保険をかけている植物はけっこう多くあります。オオイヌノフグリのように、花が萎れる前にオシベがメシベに寄っていくものがある一方、花が萎れる前にメシベとオシベの両方がお互いに寄り添っていくものもあります。

たとえば、ツユクサです。ツユクサは、夏の朝早くに、真っ青の花を開きます。この花も、朝に開き、夕方に閉じる、「一日花」です。開いたばかりの花の中では、オシベとメシベが完全に離れています。

二本の長いオシベが、真ん中のメシベからそっぽを向くように伸びています。メシベは他の株から花粉が運ばれてくるのを待ち、オシベは他の株に咲く花のメシベに花粉を運んでもらおうとしているのです。

この花をよく観察すると、二本の長いオシベのほかに、短くて黄色い目立つ色をした「葯《やく》」をもつオシベが三本あります。葯とはオシベの先端にあって花粉をつくる場所なのですが、この葯の中には花粉がなく、虫を引き寄せるだけの役割です。目立つための飾りになっているの

オシロイバナの花（miz/PIXTA〈ピクスタ〉）

で、「飾りオシベ」といわれます。また、葯が茶色で、ごく少しの花粉をもつ一本のオシベがあります。オシベは、合計で六本です。

夕方になって、花が萎れるときには、伸びだしていたオシベとメシベが巻き上がるように寄り添ってきて、最後は絡まり合って、自分のオシベの花粉を自分のメシベにつけます。このときまでに、他の株の花粉が虫によってメシベに運ばれていなければ、これでタネができます。自分と同じような性質のタネしかできませんが、「できないよりはまし」なのです。この植物にも、確実にタネをつくるための保険がかけられているのです。

オシロイバナは、夕方にいっせいに花が開きます。花が開いたとき、メシベはオシベより長く伸びだして、自分のオシベには目もくれていないように見えます。「暗くなる夜に向かって花を開いても、花粉を運んでくれる虫は寄ってくるのだろうか」と心配になります。

しかし、自然の中には、いろいろな虫がいます。虫と植物とは長いつきあいをしてきており、歴史があります。夕方、暗くなるころから、オシロイバナの花が咲くのに合わせるように、活動をはじめる夜行性の虫がいるのです。スズメガの仲間です。

オシロイバナの花は、ラッパのように先端が広がっていて、蜜はだんだん細くなる筒の奥にあります。「ラッパ状の広い部分に近づいたスズメガのからだは大きいので、花の中には入れず、蜜まで口が届かないので、あきらめて他の植物の花に行ってしまうのではないか」という心配があります。

ところが、スズメガの仲間の口は細く長く伸び、花の先端の広い部分から花の奥にある蜜を吸うことができるのです。オシロイバナは、口の長いスズメガの仲間が夜に活動することを知っていて、それに合わせて花を咲かせているように思えます。

花の咲く時間とスズメガの活動時間が合い、花の形がスズメガの口に合うように都合よくできているのです。逆にいえば、多くの虫は、夜に活動せず、細く長い口をもたないので、オシロイバナの花粉を運ぶのに役に立たないということです。

オシロイバナは、スズメガがいなくては、花粉を運んでもらえないでしょう。一方、夜行性のスズメガにしても、夜に、自分の細く長い口に合う花を咲かせてくれるオシロイバナがいなければ、次の世代へ自分の命をつないで、生きていきにくいでしょう。

オシロイバナとスズメガは、助け合って生きているように、相性がいいのです。植物たちと虫たちが、長い歴史を経て、ともに利益をもたらすパートナーとして、お互いが結びついて、仲良しになっているのでしょう。

植物たちの婚活とは、「虫との偶然の出会い」との印象があります。でもオシロイバナとスズメガの関係を思うと、そんなものではなく、長いつきあいで培われてきたつながりの中で、植物たちの婚活が行われていることになります。しかも、婚活の対象となる虫の種類は問わないような印象を受けますが、そういうわけではないこともあるのです。

植物たちの婚活のおかげで、虫も生きていけるのです。植物たちの婚活は、自分たちの命を次の世代につなぐためだけでなく、蜜を与えることにより、自然の中で虫たちの命を支える活動でもあるのです。

しかし、オシロイバナとスズメガが、たとえ長い歴史に裏づけられた契りを交わしていても、現実には、うまく出会えないかもしれません。そのため、オシロイバナの花が萎れる前には、花の中でメシベとオシベが寄り添って合体します。もしそのときまでに子どもづくりがすんでいなかったら、これによって、タネができます。この植物にも、確実にタネをつくるための保険がかけられているのです。

保険をかけている植物たちをいくつか紹介しました。いずれも、健全な子どもをつくるための婚活をしています。その一方で、その願いがかなわないなら、自分の花粉を自分のメシベにつけて子どもをつくる準備もしているのです。

ここで紹介した植物だけでなく、花が開いたときにはオシベとメシベが離れていても、萎れるときには、オシベとメシベが寄り添う花を咲かせる植物は意外と多くあります。観察して、見つけてみてください。

婚活にかける保険はいろいろ

私たち人間の婚活には、費用がかかります。いろいろな婚活グッズをそろえたり、服装、髪型、化粧、香水などで、きれいに装ったり、合コンへの参加費が必要だったりします。同じように、植物たちの婚活にも費用がかかります。きれいな色素をつくり出し、香りを漂わせ、ごちそうを準備して、虫を誘わなければならないからです。

婚活にそれだけの費用をかけても、他の株に咲く花と花粉のやり取りがうまくいって、健全な子どもが確実にできるとは限りません。「そんなに費用がかかるのなら、その婚活にかける費用の一部を確実に子どもをつくることにまわそう」と考えるような植物たちがいます。

スミレの閉鎖花（撮影・鈴木弘）

「スミレを栽培しています。ツボミができたので花が咲くのを楽しみにしていたのですが、そのツボミは開きませんでした。でも不思議なことに、気がつくと、そんなツボミにもタネがいっぱいつくられていました。こんなことがあるのですか」という質問を受けたことがあります。

この現象は、スミレをよく観察しながら栽培していなければ、気がつきにくいです。スミレには、質問の通りに、開くことがないツボミがあります。「閉鎖花《へいさか》」とよばれます。このツボミは開くことはないのですが、ツボミの中で、いつのまにかタネができます。

スミレは、閉鎖花とは別に、春にふつうの花を咲かせます。美しくきれいな色の花を咲かせ、ハチやチョウチョなどを引き寄せます。開いた花には他の株の花粉がついて、いろいろな性質をもつタネができます。虫に託して、他の株の花と花粉のやり取りをし、健全な子どもづくりを目指しているのです。

　しかし、ときには「健全な子どもをつくれるだろうか」と、心配になってくるのでしょう。閉鎖花をつくりはじめます。閉鎖花は、ツボミの中で自分のメシベに自分の花粉をつけてタネをつくります。自分の花粉を自分のメシベにつけるだけなので、自分と同じような性質のタネしかできません。しかし、ハチやチョウチョなどに頼ることなく、確実にタネを残すことができます。

　閉鎖花は、もしふつうに咲いた花に他の株の花粉がつかずにタネができなかったとき、確実に自分の子孫を生きのびさせるための保険です。しかも、ハチやチョウチョなどを引き寄せるための蜜をつくる必要はありません。きれいな花びらも、いい香りもつくる必要はありません。ですから、この保険には費用があまりかかりません。植物にとっては、都合がいいのです。

　春にきれいな赤紫色の突き出した唇のような形の花が、台座の上に円を描くように咲く植物があります。シソ科のホトケノザです。この植物は、突き出した唇のような形で開いている花とは別に、濃い赤紫色の小さな球形のツボミをつくります。これらのツボミは、いつまで待っていても開くことはありません。閉鎖花なのです。

　スミレやホトケノザは、ふつうの花を咲かせる一方で、閉鎖花という開くことのないツボミをつけます。その中で、オシベの花粉を自分のメシベにつけることにより、タネをつくります。これは、虫たちに花粉の移動を託すだけで、自分たちは動きまわらない植物たちの婚活に対する、一種の保険なのです。

次の世代に命をつなぐために、念には念を入れる植物たちの慎重さに〝あっぱれ〟と感服せざるを得ません。

自分の子どもは自分でつくる

親から子孫に、姿や形、皮膚や目の色など、いろいろな性質が伝わる現象は、「遺伝」といわれます。この現象に、法則があることを発見したのは、オーストリアのメンデルでした。一八六五年に発表されたメンデルの「遺伝の法則」は、その後の遺伝学の大発展をもたらすきっかけとなりました。

メンデルがこの有名な遺伝の法則を発見する研究に用いた植物は、エンドウでした。なぜ、エンドウが用いられたのでしょうか。エンドウには、遺伝の研究に適した、いくつかの性質があるのです。

その性質の一つは、「はっきりしたわかりやすい対立する形質がある」ということでした。「形質」というのは、形態的や生理的な性質をいいます。たとえば、エンドウには、マメを覆う表面の種皮の色に『白色』と『灰色』があり、マメの形に『丸』と『しわ』があります。また、マメの中にはすでにつくられた「子葉」という葉っぱがあり、その色に『黄色』と『緑色』があります。

このおかげで、どの形質が、どのように子どもに遺伝していくかがわかりやすかったのです。遺伝していく様子がわかりやすいことは、複雑な形質が親から子どもや孫に遺伝していく研究に、大切なことでした。

しかも、エンドウには、「わかりやすい、対立する形質がある」ことに優るとも劣らぬ、もう一つの重要な性質があります。それは、「一つの花の中で、自分の花粉を同じ花の中にある自分のメシベにつけてタネをつくる」という性質です。

花粉がメシベについて、花粉の中にあるオスの配偶子とメシベの配偶子が合体することを、「受精」といいます。「受精」が成立すると、子ども（タネ）ができます。自分の花粉を同じ花の中にある自分のメシベにつけてタネをつくることは、「自家受精」といわれます。

この自家受精を繰り返していると、同じ性質が安定して生じるタネをつくることができます。このようなタネは、「純系」とよばれます。遺伝の研究には、純系が必要なことが多いのですが、純系のタネをつくり出すのは大変なのです。人為的に純系のタネを得るためには、花粉を同じ花のメシベにつけてタネをつくることを、何世代も繰り返さなければなりません。

ところが、エンドウは、放っておいても、自分で純系をつくり出してくれる植物なのです。この植物の花の中では、オシベとメシベがいっしょに花びらに包み込まれています。そのため、ふつうは、他の株の花粉がメシベにつくことはなく、同じ花の中にある花粉が、メシベについてタネができます。この方法でタネをつくることを繰り返すことで、同じ性質が安定して生じる純系ができます。そのため、エンドウでは、放っておいても、純系が得られたのです。

また、エンドウは、同じ花の中にある花粉がメシベについてタネをつくる性質をもっていますが、他の株の花粉がメシベについてタネができることを拒否しているわけではありません。この植物の花には、別の花の花粉がついても受精し、タネができる性質もあります。だから、人為的に、異なった性質をもつ系統の花粉をつけて、タネをつくることができます。

エンドウには、「わかりやすい対立する形質がある」ことの他にも、「栽培しやすい」ことや、「一生の期間が短い」ことなど、遺伝の研究に適した性質がいくつかあります。しかし、遺伝学の飛躍的な発展をもたらすきっかけとなる法則の発見に貢献したのは、まぎれもなく、「放っておいても、純系をつくる」という性質でした。

リスクを望まない植物は?

「放っておいても、植物が自分の花粉を自分のメシベにつけて子どもをつくる」という性質は、遺伝の法則の発見に役立つだけではありません。私たちは、この性質を栽培作物に利用しています。自家受精でタネを残す代表的な植物たちは、イネやダイズなどです。

栽培作物がこの性質をもつことは、大切です。もしもイネがこの性質をもたなかったら、花粉が風によって運ばれてこないときに、モミの中におコメができません。あるいは、ダイズがこの性質をもたずに虫たちだけに頼っていたら、エダマメやダイズの莢《さや》を剥いてみれば、豆が入っていない可能性が高くなります。だから、栽培作物の品種を改良する過程では、「放っておいても、植物が自分の花粉を自分のメシベにつけて子どもをつくる」という性質は大切にされてきているのです。

自家受精により、子ども（タネ）をつくる植物たちは、風や虫たちに花粉の移動を託すというリスクを望まない植物ともいえます。これらは、自分のオシベの花粉を自分のメシベにつけて、確実にタネをつくります。同じような性質のタネしかできなくても、風や虫に頼らずに、確実に自分一人で子どもを残す方法を選んでいるのです。だから、「積極的な婚活を必要としない植物たち」といえます。

これらの植物は自分と同じような性質の子どもができても、その子どもの性質に自信をもっているのかもしれません。いろいろな環境への適応性を考えると、自分一人で子どもをつくることは、好ましくありません。しかし、環境の変化に適応する自信があり、新しい環境の土地へ進出する必要性がないのなら、自分とよく似た子どもたちができるだけで十分かもしれません。

人間が品種改良でつくり出すイネやダイズなどの栽培作物は、人間が植物に適した環境で栽培することを前提としています。だから、これらの植物たちが、自分で環境変化に適応したり、新しい環境の土地への進出を考えたりする必要はありません。また、そのタネや実は収穫され、食べられることが目的になっています。だから、自家受精で確実にタネや実をつくることが望まれます。

私たち人間や動物は、婚活が成功しないからといって、自分一人で子どもをつくるわけにはいきません。そのために、人間や動物には婚活できる期間が長く与えられていると考えることができます。また、人間や動物は自分で動きまわって相手を探すことができます。

しかし、植物たちは動きまわることなく、花の咲く期間に限ってしか婚活ができません。そのため、自分だけで、確実に子どもを残すという術を身につけているのでしょう。次の世代へ確実に命をつなぐための感服するような〝あっぱれ〟な術です。

ただ、これらの植物は人間に栽培されるために、この性質が強調されますが、他の株の花粉がついて子どもをつくる能力を放棄しているわけではありません。だからこそ、イネでもダイズでも、他の品種と交配されて新しい品種が生み出されてくるのです。栽培化されてはいても、

「いろいろな性質の子どもをつくってきたからこそ、いろいろな環境の中を生き抜いてこられたのだ」との誇りを失ってはいないでしょう。これからも、その心がけをもち続けるでしょう。矜持を保つ〝あっぱれ〟な植物たちです。

(二) 保険をかけねばならない事情とは？

無限の寿命を放棄する

植物の芽は、次々と葉をつくり出し、伸びてきます。芽の中で、葉がつくられる部分は「成長点」とよばれ、生まれたばかりの多くの葉に包み込まれた状態にあります。一方、花が咲くための最初の過程は、葉をつくり出す成長点でツボミが生まれることです。

成長点の中央に「メシベ」、そのまわりに「オシベ」、それを取り囲むように「花びら」、花びらの下を支えるように「萼」がつくられます。このような、花の基本的な構造が、成長点でつくられるのです。

「ツボミは、成長点で生まれる」という表現が使われますが、「成長点で葉っぱが生まれる」のとは少し事情が異なります。葉っぱは成長点でつくり出されるのですが、ツボミは、成長点でつくり出されるのではなく、成長点そのものが姿を変えたものです。それゆえ、花が咲くためには、成長点が葉っぱをつくるのをやめて、ツボミをつくる状態へ転換しなければなりません。

もし成長点がツボミに変わらなければ、その成長点をもつ芽は、適切な環境の中では、限りなく、葉っぱをつくり出し、芽として伸び続ける能力をもっています。自然の中では、芽は寒さや暑さに出会って枯れてしまうので、このような芽の能力を見ることはできません。人工的な環境をつくって、植物を育てれば、この能力を見ることができます。

私の研究室では、実験材料の一つとして、果実がお酒に入れられたり、ツルで工芸品がつくられたりするマタタビという植物を使っています。ネコが特別の嗜好を示すことでもよく知られている植物です。

この植物を使うとき、実験の種類にもよりますが、数多くの均一な大きさの芽生えが必要なことが多いです。それだけ多くの本数の芽生えを得る方法の一つは、多くのタネをいっせいに発芽させて同じような大きさの多くの芽生えを育てることです。

しかし、この場合、タネのできる季節に多くのタネを採取しておかなければなりません。また、小さなタネを発芽させて芽生えに育てるのに、日数がかかります。その上に、タネから発芽した芽生えは、それぞれの遺伝的な性質が異なることがあります。

それに対し、短期間に、遺伝的に同じ性質の芽生えを数多く得る方法があります。長さ約一〇センチメートルのマタタビの小さな苗木は、葉っぱを五〜七枚つけていきます。ここから、一枚の葉っぱをつけた、長さ約一センチメートルの小さな芽をつけた短い茎を切り出します。葉っぱが五枚以上あれば、少なくとも五本切り取ることができます。

葉っぱのつけ根には、必ず小さな芽があります。葉っぱを切り落としてしまってもよいし、葉っぱは切り落とさず、つけておいてもいいです。大切なのは、葉っぱのつけ根にある芽を短い茎の上に残すことです。

これらの芽をつけた短い茎を適切な人工の環境で育てると、切り取った茎から根が出て、ついていた芽が伸びはじめます。芽は伸びながら葉っぱを展開しますから、約一カ月すると、それぞれがもとの小さな苗木と同じくらいの枚数の葉っぱをつけた芽生えに成長します。ということは、一カ月間で、一本の小さな苗木が五本に増えるのです。

「一本の小さな苗木が、一カ月で五本に増える」といっても、印象はうすいかもしれません。しかし、こうして増やすと、一カ月ごとに五倍になるのです。二カ月目には、二五本になります。三カ月目には、一二五本というように増やすことができます。六カ月続ければ、一本の小さな苗木から、一万五〇〇〇本以上の小さな苗木が得られます。

「ほんとうにそんなに増えるのか」と疑問に思われたら、電卓で「5」を六回、乗算してください。もしまじめにこの方法で一年間増やし続けると、一本の小さな苗木が二億四〇〇〇万本

マタタビの大量増殖

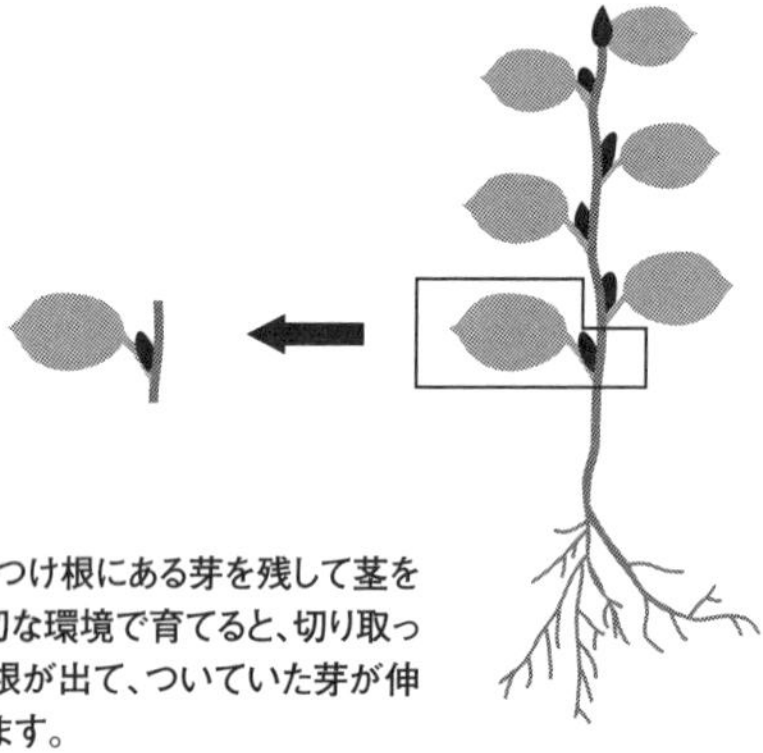

葉っぱのつけ根にある芽を残して茎を切り、適切な環境で育てると、切り取った茎から根が出て、ついていた芽が伸びはじめます。

以上になります。これは、芽が葉っぱをつくり続け、芽として伸び続ける能力なのです。

多くの人になじみのないマタタビで紹介したために、「この能力は、マタタビという特殊な植物の話なのだろう」と思われるかもしれません。しかし、これは、マタタビの芽だけに限られた能力ではありません。この能力は、植物たちに共通のものです。私の研究室では、この方法で、シソ、トレニア、ホウセンカ、バコパ、フジバカマなどを育てています。

芽は、もしツボミに変わらなければ、適切な条件のもとで、限りなく葉っぱをつくり、芽を伸ばし続ける能力をもっているのです。芽は、無限に成長し続けることができるのです。ところが、芽がツボミに変わると、その芽から、ツルが伸びだしたり、葉っぱや芽ができたりすることはありません。

芽がツボミに変わるということは、芽の中の成長点がツボミになることです。ですから、その成長点を包んでいる芽からは、無限に成長するという芽の性質は消えてしまいます。芽が葉っぱをつくることとツボミになることは、本質的に違うのです。

本来は無限に葉っぱと芽をつくる能力をもつ芽は、成長点がツボミになると、花が咲いてタネをつくり、やがて枯死していく運命となります。つまり、芽にとって、ツボミになるのは、子孫を残すために、葉っぱと芽をつくり続けていつまでも生きていけるという、無限の可能性を放棄することなのです。

植物たちは、ツボミをつくると、あと戻りはできません。花を咲かせ、次の世代に命をつなぐために、婚活に踏み出すしかありません。花を咲かせるというのは、芽にとっては、無限の寿命を放棄することであり、命がけの行為なのです。

多くの草花は、花を咲かせると、タネをつくって枯死していきます。そのため、「花を咲かせるというのは、芽にとっては、無限の寿命を放棄することであり、命がけの行為なのです」という話は、受け入れられやすいです。しかし、「樹木は、花を咲かせて結実しても、枯れないではないか」との疑問がおこるかもしれません。

樹木の場合も、個々の芽にとっては同じことです。個々の芽は、花を咲かさなければ、葉っぱをつくり、枝を伸ばして無限に生き続ける能力をもっています。しかし、花を咲かせた芽は、タネを結実するだけで、枝として再び伸びはじめることはありません。

なんの覚悟もなしに、「ひと花咲かせる」という大仕事ができるわけではないのです。「ひと花咲かせる」のは、命がけなのです。なにげなく花咲く時期が来れば、花が咲くと思われがちですが、植物たちがひと花咲かせるにはこんな覚悟が必要なのです。植物たちにとっては、「ひと花咲かせる」というのは、無限の寿命を放棄した命がけの大仕事なのです。

このような覚悟をして、植物たちが「ひと花咲かせる」という営みには、〝あっぱれ〟と感服せざるを得ません。

法に背く裏事情

植物たちの婚活は、動きまわることなく行われます。しかも、その季節は限られ、多くの植物たちにとっては、もっと短く、月日が限定されています。植物の種類によっては、時刻も限られています。

こんな状況の中で、植物たちの子どもづくりが行われます。植物たちの婚活の願いは、「オシベは自分の花粉を別の株に咲く仲間の花のメシベにつけ、メシベは他の株に咲く花の花粉を受け取る」ことです。もしこの願いが叶えられそうにないのなら、仕方なく、確実に子どもをつくるための最後の手段を準備しています。自分の花粉を自分のメシベにつけて子どもをつくるという方法です。

この方法による生殖は、私たち人間の世界で定められている「直系血族又は三親等内の傍系血族の間では、婚姻をすることができない」という法律に反しています。この法律は、生物学的な視点に基づいて、近親間の結婚を禁じたものです。ですから、健全な子孫を繁殖させるには、植物たちにも意義のあるはずのものです。だからこそ、植物たちも婚活をするのです。

しかし、自分の花粉を自分のメシベにつけて子どもをつくるという自家受精は、同じ花から生まれたオシベとメシベですから、三親等以内どころではありません。植物の世界にも同じ法律があれば、この生殖方法はその法律に背いています。しかし、植物たちがこの法に背くというギリギリの選択をしたとしても仕方がないでしょう。植物がひと花咲かせるということは、無限の寿命を放棄した命がけの大仕事だからです。

近年、私たちの世界でも、民間人の裁判員制度が取り入れられ、民間人の犯罪に対する気持ちが判決に入り込む余地が増えています。もし、近親婚を禁じる法律を犯して子どもをつくった植物たちの裁判が開かれたら、無限の寿命を放棄してツボミをつくる状況を多くの民間人の裁判員が理解して情状《じょうじょう》を酌量《しゃくりょう》してくれるでしょう。いや、そうしてくれるほど、多くの人たちに、「植物たちの生き方を理解してほしい」と、私は思います。

ここまで、植物たちのいろいろな婚活を紹介してきました。このときどきに、「植物たちは、動きまわって相手を探すことができない」とか「植物たちの婚活の期間は、長いものでも季節が限られ、多くのものでは、月日や時間が限られている」とか「植物たちはツボミをつくった限り、子どもを残さなければならない」などという表現を用いてきました。だから、植物たちの婚活は息がつまるような窮屈な切迫した印象があるかもしれません。

しかし、「婚活とは、もう少し楽しいものではないでしょうか」との意見もあるでしょう。私も、「植物たちの婚活は、もっと楽しいものであってほしい」と思います。植物たちの婚活が子どもをつくるためだけだとは、考えたくありません。

空が青く明るく晴れた日、おだやかな太陽の光に見守られ、多くの花々が咲いています。そんなとき、さわやかな風にゆられながら、ハチやチョウチョなどと戯れ、「生まれてきて良かった」と、植物たちの花々には感じてほしいと思います。

美しくきれいに装った姿で、「美しいでしょう」、「きれいでしょう」、「セクシィーでしょう」と虫たちを誘いながら、「うまくいけば、ラッキー」くらいの気持ちをもったり、「寄ってこなくていいですよ」と、ハチやチョウチョなどをからかったりする余裕をもっていてほしいと思います。

もしかしたら、婚活を余裕をもって楽しむために、多くの植物たちは、「自分の花粉を自分のメシベにつけて子どもをつくる」という保険をかけているのかもしれません。

植物たちの、万一のために保険をかけるというライフスタイルに、〝あっぱれ〟と感激です。

第六章 次の世代に命を託す！

(一) からだを守り、次の世代へ命をつなぐ!

植物たちの言い分を検証してみると

第一章の冒頭で、植物たちは、「自分たちは、『動きまわることができない』のではなく、『動きまわる必要がない』と思っているはずです」と紹介しました。そして、植物たちのその言い分を、動物が動きまわる理由に照らして、吟味、検証することにしました。

動物がウロウロと動きまわる一番目の理由は、「食べ物を探し求めるため」です。植物たちは、自分で食べ物をつくることができるのですから、このために動きまわる必要がありませんでした。

葉っぱが自分で食べ物をつくるしくみをもっているからです。でも、それだけではありません。タネにも、〝あっぱれ〟と感服するにふさわしい能力があります。そのおかげで、芽生えが動きまわらなくても、食べ物をつくることができるのです。

タネは、発芽した芽生えが光合成をできるような「場所」と「季節」を選んで、発芽するのです。タネには、「場所」と「季節」を選ぶという巧みなしくみが身についていました。植物たちは、食べ物を探し求めて動きまわらなければならない動物をうらやましく思うどころか、自分たちがそんなすばらしいしくみをもっていることを誇りに思っているでしょう。

動物がウロウロと動きまわる二番目の理由は、「子どもを残すために、生殖の相手を探し求めて」です。多くの動物はオスとメスがからだを合体させることにより、子どもをつくります。そのために、動物は合体する相手を探し求めてウロウロと動きまわるのです。このための植物たちの活動として、第三章、第四章を中心に、「動きまわることのない婚活」を紹介しました。植物は動きまわることなく、生殖の相手を見つけ、多くの子孫（タネ）を残します。

野菜では、大きさや品種により多少異なりますが、一個の果実に、ヘチマは約五〇〇個、カボチャは約三〇〇個、ピーマンは約二五〇個、ナスは約一〇〇〇個のタネをつくります。一本のトウモロコシには、約六〇〇個の粒が詰まっています。

果物でも大きさや品種によりますが、キウイは小さいもので約八五〇個、大きいものだと一〇〇〇個を超えるタネをもちます。マスクメロンは五〇〇〜七五〇個、スイカは約三〇〇個、イチゴも約三〇〇個です。

これらは、それぞれ、一個の果実に含まれるタネの数です。ふつう、一株には、何個もの果実が実ります。だから、一粒のタネが発芽し、一株の植物になれば、ものすごい個数のタネをつくることになります。雑草には、一株で、何万個、何十万個というタネをつくるものがあります。ひと昔前、野や空き地に猛威をふるって繁茂していたセイタカアワダチソウは、「一株で五万〜五〇万個のタネをつくる」といわれます。

「タネの数が多ければ、多いほどいい」というものではないでしょう。でも、植物たちは、動きまわることなく、膨大な数の子孫を残すのです。植物たちにとっては、「少子化」など、無縁な言葉です。

そのため、植物たちは、生殖の相手を探し求めて動きまわる動物をうらやましく思ってはいないでしょう。第一章で、「植物たちは、食べ物を探し求めて動きまわらなければならない動物を見て、『動物はウロウロと動きまわって食べ物を探さなければ生きていけない、かわいそうな生き物だ』と思っているでしょう」と、紹介しました。子孫を残すことでも、「動物はウロウロと動きまわって相手を探さなければ子孫を残すことのできない、かわいそうな生き物だ」と思っているでしょう。

動物がウロウロと動きまわる三番目の理由は、「自分のからだを守り、次の世代へ命をつないでいくため」です。これについては、動物が動きまわる局面はいろいろ考えられます。その中で、大切な一つは、「冬の寒さや夏の暑さをしのぐために、移動する」ことです。鳥の渡りや魚の回遊などがその例です。植物たちは、動きまわることなく、冬の寒さや夏の暑さをどのようにしのぐのでしょうか。

第四章で、植物たちが暑さ、寒さの訪れを先取りする能力をもっていることを紹介しました。

植物たちは、葉っぱで夜の長さをはかることによって、暑さや寒さの訪れを約二カ月、先取りして知ります。そして、その二カ月間ほどの差を利用して、夏の暑さに弱い植物は夏の暑さが来るまでに、花を咲かせ、タネをつくるのです。あるいは、冬の寒さに弱い植物は冬の寒さが来るまでに、花を咲かせ、タネをつくるのです。タネなら、夏の暑さ、冬の寒さをしのぐことができるからです。

数年前、「ＫＹ」という言葉が流行り、流行語大賞の候補になりました。「Ｋ」は「空気」、「Ｙ」は「読めない」のローマ字書きの頭文字であり、「ＫＹ」は「その場の空気が読めない」ことを意味します。当時、「あの人は、ＫＹだ」と、その場の空気を読めないことをはやす風潮が広がりました。たしかに、私たちが「その場の空気を読む」ということは、大切です。植物たちにも大切でしょう。

しかし、植物たちが動きまわらずに生きていくためには、「その場の空気を読む」だけではだめなのです。植物たちは、夜の長さの変化を読み取り、約二カ月先の空気を読んで、季節の移り変わりに対応しているのです。

植物たちは、夏の暑さや冬の寒さという不都合な環境が訪れることを見通す〝先見の明〟を備えており、暑さや寒さの訪れに対して周到な準備をする性質を身につけているのです。そのおかげで、冬の寒さや夏の暑さをしのぐために、動きまわる必要がないのです。

春に花咲く樹木が、冬の寒さをしのぐために、越冬芽を形成することを、第四章で紹介しました。この越冬芽の形成も動きまわることなく寒さをしのぐ工夫の一つです。春に花咲く花木類が秋に越冬芽をつくるしくみを、ここで紹介します。

越冬芽に命を託す！

第四章の「（一）苦労を経ないと花咲かない不思議」で紹介したように、春には多くの樹木が花を咲かせます。ウメやサクラ、モクレンやハナミズキなどです。これらのツボミは前の年の夏につくられます。ツボミが夏につくられるのなら、秋に花が咲いてもそんなに不思議ではありません。

キクやコスモスは、夏の終わり、あるいは、初秋にツボミをつくり、秋に花を咲かせます。そのため、春に花を咲かせる樹木では、「夏にできたツボミが、秋に咲かず、どうして春まで咲かないのか」という不思議が生まれます。

「夏にできた樹木のツボミが、なぜ、秋に花咲かず、春に花咲くのか」と考えて、「秋は涼しく、春は暖かいから」と思う人があるかもしれません。春は秋より暖かい気がしますが、春の温度と秋の温度は、ほとんど同じです。夏が暑いから、それに続く秋は涼しく感じ、冬が寒いから、それに続く春は暖かく感じるだけです。

「もし、夏にできたツボミが成長して秋に花が咲いたとしたら、どうなるだろうか」と考えてください。キクやコスモスは、秋に花を咲かせても、冬の寒さが来るまでに、タネをつくります。タネをつくるまでの期間が短いので、秋の間にタネをつくり、冬の寒さがやって来るまでにタネを残せます。だから、子孫を残すことができるのです。

しかし、春に花を咲かせる樹木は、タネをつくるのに時間がかかります。そのため、秋に花を咲かせると、やがてやって来る冬の寒さのためにタネはできず、子孫を残せません。もしそうなら、種族は滅んでしまいます。そうならないために、春に花を咲かせる樹木は夏にできたツボミを、秋の間に、冬の寒さをしのぐための「越冬芽」に包み込みます。

ツボミを包み込む越冬芽は、冬の寒さをしのぐためのものですから、寒さが来てからつくられるのでは間に合いません。温度が低くなり、寒くなってから急いで越冬芽をつくることができるほど、樹木の反応は俊敏ではありません。だから、越冬芽は、冬の寒さが来る前につくられねばなりません。

ということは、樹木は、寒くなるまでに、冬の寒さが訪れることを前もって知る能力をもっていなければなりません。第四章の「暑さ寒さを予測する、あっぱれなしくみ」で紹介したように、葉っぱが、寒さの訪れより約二カ月先行して変化している夜の長さをはかって、冬の寒さの訪れを前もって知るのです。

夜の長さが季節によりかなり大きく変化することは、夕方七時でもまだ明るい初夏に比べ、五時ごろには真っ暗になる冬を思い浮かべると、理解できます。私の住んでいる京都市では、日の入りから日の出までの夜の長さは、夏至のころ、およそ九時間三〇分であるのに対し、冬至のころは、約一四時間一〇分です。その差は約四時間四〇分もあり、想像以上に大きな変化です。

越冬芽は「芽」でつくられます。とすれば、「葉っぱ」でだんだんと長くなる夜を感じて冬の訪れを予知したという知らせは、「芽」に送られねばなりません。植物は、動物の神経のような刺激の伝達手段をもっていません。そこで、夜の長さに呼応して、葉っぱが「アブシシン酸」という物質をつくり、芽に送ります。芽にその量が増えると、秋にツボミを包み込んだ越冬芽ができるのです。

だから、葉っぱがないと、越冬芽はつくられません。春に花咲くサクラの木が、ときどき、秋に花を咲かせてめずらしがられたり、不思議がられたりします。そのようなサクラの木は、夏の間に毛虫に葉っぱをほとんど食べられていたり、何かの理由で葉っぱが枯れたりして、秋に、葉っぱがないのです。そのため、越冬芽はつくられず、ツボミは越冬芽に包み込まれず、秋の暖かさで花が咲いてしまうのです。

越冬芽が形成されると、夏にできたツボミは春になるまで、花咲かないのです。越冬芽の形成は、植物たちが動きまわることなく、冬の寒さをしのぐための一つの方法です。冬の訪れを夜の長さの変化で予知し、寒さに耐えられる越冬芽をつくるという、〝あっぱれ〟なすばらしいしくみです。

では、「アブシシン酸が多くなって越冬芽に包み込まれたツボミが、春になると、どうしてうまく花咲くのか」という疑問がおこるかもしれません。もしそうなら第四章の「サクラが『ひと花咲かせる』ためには？」をもう一度お読みください。

もし「よく理解している」と思われたら、次の問題に挑戦してください。冬の寒風の吹きすさぶような場所に、ポツンと立っているサクラの木が、寒い冬が来る前に、自由に動きまわることができ、そばに暖かい温室があると考えてください。さて、このサクラの木は、この温室に入るでしょうか。入らないでしょうか。

もし暖かい温室に入り、冬の間、ぽかぽかと過ごしたら、そのサクラは春になって花咲くことはできません。すると、子孫を残せないので、絶滅していきます。だから、サクラの木は、たとえ自由に動きまわれても、暖かい温室に入らないというのが正解です。

植物は水の不足に弱いか？

動物がウロウロと動きまわる理由である「からだを守り、次の世代へ命をつないでいくため」の一つの例として、動物は強い太陽の光を避けて日陰に移動することがあります。では、植物たちは、葉っぱの温度が上がるような灼熱の太陽の強い光を受けた場合、動きまわることなく、どうするのでしょうか。

植物たちは、葉っぱから水を蒸発させることでからだを冷やします。私たちが暑いときに汗をかくのと同じしくみです。このために、植物たちは、一日の間に、自分の体重、あるいは、その何倍もの水を葉っぱから放出します。そのためには、大量の水が必要です。ですから、植物は大量の水がなければ生きていけません。

このように説明すると、多くの人に「そうなのか。だから、植物は水不足に弱いのだ」と納得されます。なぜなら、多くの人が、「鉢植えで栽培する植物に水をやり忘れて枯らしてしまった」という経験をしているからです。その経験が「植物は水不足に弱い」という先入観を抱かせ、その思いを強く裏づけているのです。

しかし、「水をやり忘れて、鉢植えの植物が枯れてしまった」からといって、「植物が、水不足に弱い」とは、とんでもないことです。植物たちを鉢植えにして、狭い範囲にしか根を張りめぐらすことができないようにして水をやらないのは、鳥かごで飼育する小鳥に水をやらないのと同じです。水を求めて自由に飛びまわれないので、小鳥は命を失うでしょう。鎖につながれて水を求めて移動できないイヌに、水をやらないのと同じです。檻に入れられて自由に水を探しまわれないライオンに水をやらないのと同じです。小鳥やイヌやライオンなどの動物でも、水がもらえなければ、命が途絶えるのです。

たしかに、鉢植えの植物に水を与えなければ、植物は枯れます。しかし、自然の中の植物たちは、土の中に根を張りめぐらせています。だから、雨が降らないからといって、野や山に生きている植物たちは、簡単には枯れません。

植物には、光や水の不足に対して、ハングリー精神があります。特に、水が不足し土が乾燥した場合の根の伸び方は、ハングリー精神に刺激されます。だから、水不足になる土壌では、植物たちは水を求めて強い根を張りめぐらせています。植物が、動物に比べて、水不足に弱いということはけっしてありません。

自然の中の動物も、そんなに水不足に弱いことはありません。同じように、植物たちも、水不足にけっして弱いことはないのです。第一章の「植物のあっぱれな『ハングリー精神』」を読み直してもらえれば、理解を深めていただけます。

紫外線からからだを守る

私たちにとっても植物たちにとっても、太陽の強い光がもつ脅威の一つは、紫外線です。植物たちが紫外線の害をどのように防いでいるかについては、拙著『植物はすごい』（中公新書）

でくわしく紹介しました。ここでは、簡単に復習しておきます。

私たちが紫外線を恐れるのは、紫外線がからだの中に「活性酸素」という物質を生み出すからです。活性酸素は、「老化を急速に進める」、「成人病、老化、ガンの引き金になる」、「病気全体の九〇パーセントの原因である」などといわれます。活性酸素とは、からだの老化を促し、多くの病気の原因となる、きわめて有毒な物質なのです。

活性酸素は、私たち人間だけでなく、植物たちにとっても有害です。自然の中で、紫外線に当たりながら生きている植物たちは、活性酸素の害を消さなければなりません。植物はそのための物質をつくり出します。それが、「抗酸化物質」とよばれるものです。

この言葉は、健康食品のカタログによく出てきます。活性酸素は、紫外線が当たったときだけでなく、激しい呼吸の中からも生まれます。だから、帽子や日傘で紫外線を避けることができる私たち人間も活性酸素に悩まされます。そのため、その害を消してくれる抗酸化物質は、私たちの健康にもいいのです。

抗酸化物質として、ビタミンCとビタミンEはよく知られています。多くの野菜や果物に、この物質が含まれています。植物たちがつくっているのです。植物たちの花の色素であるアントシアニンや、カロテンを代表とするカロテノイドも、抗酸化物質なのです。だから、花の中で生まれてくる子ども（タネ）を紫外線の害から、花の色素で守っているのです。

ここまでで、暑さや寒さ、そして、熱や紫外線を含む太陽の強い光をしのぐのに、植物たちが動きまわる必要がないということを、いろいろな局面で理解していただけたと思います。でもまだ、植物たちには、「病原菌に感染される」という心配もあります。

「動きまわることができれば、水につかりからだを洗って清潔に保てるので、病気になりにくいかもしれない」と思われます。また、「動きまわることができずにじっと同じ場所にいるから、病原菌が寄ってきて病気に感染されやすい」とも思われます。

植物たちも、「病気になりたくない」と思っているはずです。『植物はすごい』（中公新書）で、植物たちが動きまわることなく、フィトンチッドとよばれる香りで、からだにつくカビや細菌を退治することを紹介しました。ここでは、アレロパシー物質とよばれるもので、病原菌からからだを守る例を紹介します。

（二）老いていきつつ

「アレロパシー物質」で病気から守る

春早くに、畑一面を黄色い花で覆う植物があります。アブラナ科のナノハナやシロガラシやチャガラシなどです。これらの植物は、「美しい眺めをつくる」という意味で、「景観植物」といわれます。でも多くの場合、ただ景色を良くするために栽培されているわけではありません。アブラナ科の植物は、三月から四月初旬の春早くに、大きく成長します。葉や茎には、養分がいっぱい含まれます。その葉や茎が田植えの前の田んぼや、野菜や作物を栽培する前の畑にすき込まれると、土の中で微生物により分解され、そのあとに畑で栽培される作物の養分となります。また、含まれていたデンプンやタンパク質などの有機物は、土の中の微生物の数を増やし、それらの活動を促し、土壌の通気性や通水性を高めます。

つまり、成長した植物の葉や茎を育っていたまま土の中にすき込むのは、化学肥料を使わずに土を肥《こ》やす方法なのです。緑の植物が肥料となるので、「緑肥《りょくひ》」といわれます。緑肥となる植物は、「緑肥作物」とよばれます。

どんな植物でも葉や茎を構成する成分は、肥料として利用可能なものです。ですから、緑肥作物とよばれない植物も、緑肥作物として利用しようと思えばできます。でも、緑肥作物として栽培される植物には、役に立つプラスアルファの性質があります。

たとえば、長い間、レンゲソウは、「緑肥作物の代表」として使われてきました。田植え前のレンゲ畑では、タネがまかれて栽培されます。育ってきたレンゲソウの根をそおっと引き抜くと、根には小さな粒々がついています。この中に、「根粒菌《こんりゅうきん》」という菌がすんでいるのです。根粒菌は、空気中の窒素を材料にして窒素肥料をつくることができ、それをレンゲソウの根に与えます。だから、レンゲソウは多くの窒素肥料をもらって育ちます。そのあと、葉や茎がすき込まれると、窒素が土に染み出してきて、土地が肥えます。

数十年前に比べ、レンゲ畑が減ってきました。田植えが機械化されて、小さなイネの苗を植えるため、レンゲソウが十分に育つ前に田植えが行われます。そのため、レンゲソウが育つ期間が短くなり、土地を十分に肥やすのに役に立たなくなったのです。

また、夏から秋に、ヒマワリが、畑一面に花咲いていることがあります。ヒマワリは、伸びた根の内部や付近に菌根菌という菌類をすまわせます。この菌は、土中のリン酸を集めてヒマワリの根に与えます。そのため、ヒマワリを緑肥作物とすると、リン酸の少ない土壌で、リン酸の利用率を向上させる効果が期待されます。活躍している緑肥作物は、それぞれ特徴をもっているのです。

緑肥作物は、土を肥やす肥料となるだけでなく、土の中にいる、植物を病気にさせる「センチュウ」という小さな生き物や土壌細菌の増殖を抑える効果をもつことがあります。また、雑草のタネの発芽や成長を抑制する効果が期待されます。

これらの作用は、緑肥作物が土壌に放出する化学物質の作用によるもので、「アレロパシー効果」といわれます。「アレロパシー」とは、植物が放出する化学物質が他の生物の成長や増殖に影響する現象で、それらの化学物質は、「アレロパシー物質」とよばれます。

「サツマイモを栽培する前にアブラナ科の植物を緑肥作物にすると、サツマイモが病気にかかりにくい」などといわれます。これは、アブラナ科の植物は、「グルコシノレート」という物質を含んでおり、この物質が土壌中で「イソチオシアネート」という物質を生み出すことが原因です。この物質は、有害なセンチュウや土壌にいる病原菌の繁殖を抑制します。

レンゲソウなどのマメ科植物がすき込まれて土壌中で腐敗してできる「酪酸」や「プロピオン酸」などは、雑草の発芽や成長を抑制する効果があります。マリーゴールドは、土壌中のセンチュウを駆除するはたらきが知られています。マリーゴールドがセンチュウの増殖を抑制するのは、「アルファ・ターチェニール」という物質を分泌するためです。

エン麦やライ麦などのイネ科の植物が緑肥作物として使われることがあります。これらのアレロパシー物質として「スコポレチン」が知られており、これは雑草の発芽や成長を抑制します。また、これらの植物は、土壌中にいる有害なセンチュウ類の増殖を抑制する効果があります。

アレロパシー物質は、育っている植物から土壌中に直接放出されるものもありますが、植物のからだに含まれる成分が土壌中で化学的に変化して作用をあらわすものもあります。いずれにしても、植物たちにとっては、病原菌と闘うための武器となります。土壌には病原菌がいっぱいです。植物たちは、いっぱいの病原菌がいるという土の中の逆境で、動きまわることなく、それらの病原菌と闘って生きているのです。

作物に有害なセンチュウといっても、作物ごとにセンチュウの種類は異なります。緑肥作物のもつアレロパシー物質は、植物ごとに異なります。それぞれの植物が工夫を凝らして、自分に感染してくる病原菌と闘っているのです。

ここまでで、暑さや寒さ、そして、熱や紫外線を含む太陽の強い光をしのぐのに、また、病原菌と闘うのに、植物たちが動きまわる必要がないということを、いろいろな局面で吟味、検証してきました。

植物たちの「『動きまわることができない』のではなく、『動きまわる必要がない』のだ」という言い分は、十分に納得できるものでした。そのために、植物たちが〝あっぱれ〟と感服するような工夫やしくみを身につけていることも理解していただけたと思います。

でも、植物たちには、動物に食べられる宿命があります。「もし動きまわることができたら、そんなに食べられることもないだろう」と思われます。植物たちの食べられる宿命について、考えましょう。

多くの動物は、植物たちを直接食べて生きています。食べられてしまうという宿命に対しては、植物たちには、第一章で紹介した「頂芽優勢」という性質があります。食べられたあとに、からだを再生する能力です。だから、「少しぐらいなら食べられてもいい」と思っているはずです。

「少しぐらいなら食べられてもいい」と思っている植物の一つの例として、次の項で、ヒイラギを紹介します。

"ヒイラギ人生"とは?

「ヒイラギ」という、一年中、緑の葉っぱをつけている植物があります。家の庭などで栽培されています。日本を含む東アジアが原産地とされる植物です。この「ヒイラギ」という名前は、「ヒイラギナンテン」や「ヒイラギモクセイ」などと、他の植物の名前に冠せられます。これらの植物に共通なのは、「葉の縁にある鋭いトゲ」です。「ヒイラギ」というのは、葉っぱにトゲのある植物の象徴なのです。

「ヒリヒリと痛む」、「ずきずきと痛む」、「うずく」という様子を意味する「ひいらぐ(疼ぐ)」という語があります。ヒイラギのトゲが刺さると疼ぐので、「疼木」と書いて、「ヒイラギ」の名前に当てられます。または、晩秋から冬にかけて花を咲かせるので、木ヘンに、冬という字を添えて、「柊」とし、ヒイラギという名前にこの字が当てられることもあります。

ヒイラギの鋭いトゲは、動物に食べられることから、からだを守るためのものです。このトゲは、「鬼を退治する」といわれます。そのため、「節分の日には、ヒイラギの枝に鬼の嫌がる臭いの強いイワシの頭を刺して戸口に飾っておくと、魔よけの効果がある」と言い伝えられています。このトゲは、実在する動物からだけでなく、想像上の伝説の鬼からも、からだを守っているのです。

ヒイラギでは、「若い木の葉っぱの縁にトゲが多く、樹齢が進むにつれて、生まれてくる葉っぱにトゲの数が減り、葉っぱの縁は丸みを帯びてくる」という現象が見られることがあります。この現象は、私たち人間の人生にたとえられます。

「若いときには言葉や感情にトゲや角が多くあるが、年齢を重ねてくると、トゲや角が取れて人間性が丸みを帯びてくる」といわれるのです。そのような生き方に、「ヒイラギ人生」という語を当てることがあります。

しかし、ヒイラギは、年齢を重ねて、トゲをなくした丸い葉っぱをつくり出すだけではありません。何年も長い間生きてきたので、トゲをなくして若い葉っぱの代わりになり、「自分が食べられて、若い葉っぱが食べられるのを防ぎ、若い葉っぱの役に立とう」としているはずです。

だから、私たちも、年齢を重ねるとトゲや角が取れて人間性が丸くなるだけで、「ヒイラギ人生」というのは良くないでしょう。ヒイラギを見習い、若い人の役に立つようにしなければなりません。トゲや角が取れて人間性が丸くなると同時に、若い人たちの役に立ってこそ、ほ

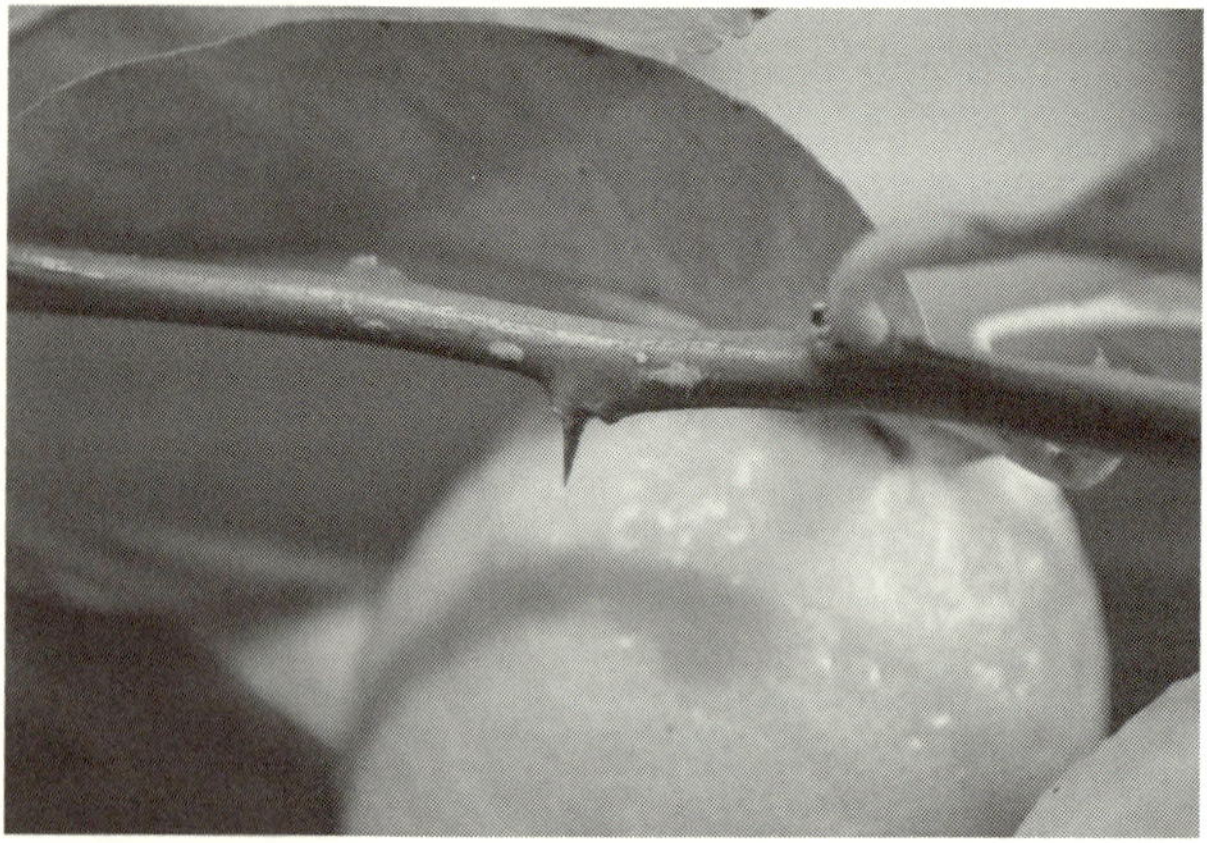
レモンのトゲ（写真提供・みんなのカフェちいろば）

んとうの「ヒイラギ人生」なのです。

ユズやレモン、カラタチやキンカンなどの柑橘類の植物では、枝や幹に鋭いトゲが多くあります。「若い木や勢いよく伸びている枝には、トゲが多いけれども、木が成長し歳を重ねるにつれて、トゲが小さくなったり、なくなったりする傾向がある」といわれます。この現象を、「歳を重ねた樹木が『若い木や枝を動物から守るために、自分は少しぐらい食べられてもいいだろう』と思っている」と説明されると、真偽は別にして、妙に納得できます。

生きた証しとなる〝プラント・オパール〟とは？

イネやススキ、トウモロコシなどは、イネ科の植物です。それらの葉っぱは、細く長いです。

でも、硬くしっかりと立つように伸びています。葉っぱに触れてみると、少しザラザラとしていかにも強そうです。

この葉っぱに触れて、手を切ってしまった経験のある人も多いでしょう。葉っぱの縁には、切れ味の鋭いガラス質の物質が含まれているからです。これは、「プラント・オパール」というきれいな名前でよばれます。またこれは、「植物の宝石」ともいわれます。成分はケイ酸という物質で、ガラスに含まれる主な成分と同じです。

イネ科の植物は、土の中に含まれる水に溶けたケイ酸を根で吸収し、葉っぱの縁や表面に溜め込んで、葉っぱを硬く強くしているのです。イネ、ススキ、トウモロコシなどの葉っぱが、細く長いにもかかわらず容易に折れ曲がることなく、広げたままで立っていられるのは、プラント・オパールのおかげなのです。この物質は葉っぱの表面にもありますが、縁にも多いので、手を切ってしまうのです。

プラント・オパールは顕微鏡を使ってしか見ることはできませんが、その形は、イネ、ススキ、トウモロコシなどの植物ごとに違います。物質の成分はガラス質なので、植物が朽ちても、プラント・オパールは朽ちることはありません。たとえ、葉っぱが燃やされたとしても、この物質は残ります。だから、繁茂していた地層の中に埋まっても、形をとどめています。

そのため、地層に含まれるプラント・オパールを調べると、その地層の時代や場所に、これらの植物が生きていたのかどうかを知ることができます。プラント・オパールとは、イネ科の植物たちが生きた証しとして後世に残している物質なのです。

（三）晩年の生き方

「アンダースタディ（代役）」に主役を譲る

植物たちが美しく装うことは、生涯に何度かあります。草花も樹木も、花咲くときには、花に装いを凝らします。花の色、模様、形、大きさなどを尽くして、香りを漂わせて、精いっぱいに装います。

植物は、個々の花を装うだけでなく、花を咲かせて、からだ全体を装います。特に、樹木は目立ちます。木に咲き誇る花の数はすごいです。少し大きいウメの木なら数万個、サクラの木なら、一〇万個以上の花が咲き乱れ、樹木の全体を飾ります。フヨウやムクゲは、夏の朝、何十個という花を咲かせます。でもこれらの花は一日で萎れます。そのため、翌朝にまた、これらの植物は新しい花を何十個と咲かせます。夏の間中、毎日、この衣装直しは続けられます。

樹木たちが木の全体を装うのは、花の咲く時期だけではありません。初夏には、多くの樹木たちがさわやかな新緑の葉っぱで装います。暑さが増すにつれて、葉は緑を深め、落ち着いた濃緑色の葉で木を装います。そして、やがて、葉っぱの最後の装いの季節が訪れます。葉っぱの黄葉や紅葉です。

秋の色づきの美しさを誇る山々や名所は、日本の各地にいろいろあります。その中でも有名な一つは、北アルプスの穂高連峰に位置する「涸沢《からさわ》」という地名の広大な斜面です。ここで、黄色に輝くのは、「ダケカンバ」です。燃えるように真っ赤に色づくのは、「ナナカマド」です。

ダケカンバ（岳樺）は、シラカバなどと同じカバノキ科の樹木です。この名前は、高い山に生えるカンバ（樺）という意味です。ナナカマド（七竈）は、バラ科の樹木です。名前の由来は、材が堅く燃えにくいので、「かまどに七回入れても燃え尽きない」との意味です。

私たちの身近では、黄葉する代表はイチョウであり、紅葉する代表はモミジです。これらの色づきのしくみは、ダケカンバやナナカマドなど、他に黄葉や紅葉する樹々と同じです。ですから、ここでは身近な、イチョウとモミジを例にして紹介します。

秋になるとイチョウの葉っぱは、毎年変わらずに、きれいな黄色になります。けれども、イチョウの黄葉は「今年はきれい」とか「今年は色づきが良くない」とは、あまりいわれません。年ごとに、色づきが変わらないからです。

東京の明治神宮外苑や大阪の御堂筋《みどうすじ》のように、多くのイチョウが集まって黄葉していると「あそこのイチョウ並木はきれい」といわれることはあります。でも「あそこのイチョウは色づきが良い」とか「あそこのイチョウは色づきが良くない」と、個々の木の色づきの具合が場所によって見比べられることは少ないです。

イチョウの葉っぱの色づき方が、年ごとに、場所ごとにも、色づきは変わらないからです。

イチョウの葉っぱが黄色くなるのは、秋に黄色い色素がわざわざつくられるわけではない」からです。夏に葉っぱが緑色のときにすでに黄色い色素がつくられており、この色素の黄色は葉っぱの緑色の色素で隠されているのです。葉っぱの緑色の色素は「クロロフィル」、黄色の色素は「カロテノイド」という名前です。

クロロフィルは、春からずっと緑色の葉っぱの中で、主役を務めます。葉っぱの緑色が濃いときには、黄色い色素は目立ちません。温度がだんだん低くなると、緑色の色素が分解されて葉っぱから消えていきます。すると、隠れていた黄色い色素がだんだん目立ってきて、葉っぱは黄色くなります。

年によって、秋の温度の低下が早かったり遅かったりすれば、緑の色素の減り方が早かったり遅かったりします。だから、イチョウの黄葉は年ごとに早かったり遅かったりします。でも、冬が近づき温度が下がれば、緑色の色素は確実になくなりますから、隠れていた黄色の色素が目立ってきて、どの葉っぱも必ず同じような黄色になります。ということは、イチョウの黄葉には、年ごとに、場所ごとに、あまり変化がないということです。

演劇の世界では、主役が急な病気などで演じられないときのために、「アンダースタディ」とよばれる代役が準備されています。葉っぱのクロロフィルにも色づきのためのアンダースタディが準備されているのです。葉っぱの生涯の晩年になって、クロロフィルが、主役を譲って、アンダースタディにも光を当てようとするのが秋の黄葉なのです。

老いていきつつ美しく

「世界の三大紅葉樹」は、「ニシキギ」、「スズランノキ」、「ニッサ」です。ニシキギは、私たちの身近にもあり、枝にコルク質の翼のようなものがついています。これが剃刀の刃のように見えるところから「カミソリの木」ともいわれます。スズランノキは、夏にスズランに似た白い小さな花を咲かせます。ニッサは、日本ではあまり見かけない樹木です。

私たちの身近で紅葉する代表は、モミジです。「なぜ、『世界の三大紅葉樹』には入っていないのか」が不思議であり、残念でもあります。でも紅葉の季節になると、毎年、この植物の葉っぱの色づきが話題になります。

「今年はきれい」とか「今年は色づきが良くない」など、例年と比較されます。あるいは、

「あそこのモミジがきれい」とか「あそこのモミジは、色づきが良くない」のように、場所によって違いがいわれます。モミジの色づき方は、年ごとに、場所ごとに違っているのです。

モミジは、緑色の葉っぱのときに、赤い色素をもっていません。だから、赤色になるためには、葉っぱの緑色がなくなるにつれて、「アントシアニン」という赤い色素が新たにつくられなければなりません。

そのために、大切なことが三つあります。一つは、一日の温度の変化であり、昼は暖かく、夜は冷えることです。昼の暖かさの中で、アントシアニンがつくられ、夜に冷えることにより、緑の色素クロロフィルが消えていきます。二つ目は、太陽の光、特に紫外線が強く当たることです。紫外線が強く当たれば当たるほど、多くのアントシアニンがつくられます。

年によって、昼の暖かさと夜の冷え込み具合が違います。これには、年ごとに早い、遅いという違いがありますから、色づきが、年ごとに早い、遅いという違いが生じるのです。そのため、年ごとに色づきが「良い」とか「良くない」ということになります。また、場所によっても、昼と夜の寒暖の差は違います。紫外線の当たり具合も、場所によって違います。だから、紅葉の加減は、場所によって異なります。

三つ目は、湿度です。紅葉では、赤い色素が新しく生まれてきます。「新しく生まれてきます」といっても、紅葉は葉っぱが老化していく現象のあらわれです。紅葉は、葉が老いていきつつ最後に美しく装い、姿を輝かせる現象です。

葉っぱの老化は、乾燥した条件で、急速に進みます。だから、ゆっくりと、きれいに老化していくには、高い湿度が必要です。そのため、モミジは、霧がかかるような、湿度の高い谷間の斜面できれいに色づきます。

紅葉するのに大切な「昼と夜の急激な温度の変化」「強い紫外線」「高い湿度」という三つの条件を満たすのが、「紅葉の名所」です。紅葉の名所といわれる場所の多くは、小高い山の中腹にある斜面で、斜面の下方には川が流れています。

このような場所では、昼間には太陽の光がよく当たり、夜は冷え込むので、谷間に霧が発生し、昼と夜の寒暖の差がはっきりしています。空気がきれいに澄んでいるので、紫外線がよく当たります。「日本三大紅葉の里」といわれる、京都府の嵐山、栃木県の日光、大分県の耶馬《やば》溪《けい》などは、川が流れ、寒暖の差が激しく、空気がきれいで紫外線がよく当たる場所です。

「何のために、イチョウやモミジなどが黄色や赤色になるのか」と不思議がられます。残念ながら、「この現象は、このためなのです」と言い切れるほど明確な理由はわかりません。でも、黄色い色素はカロテノイド、赤い色素はアントシアニンです。二つとも、紫外線の害を消去する物質です。ですから、黄葉や紅葉には考えられる役割があります。

イチョウでもモミジでも、木のあちこちに小さな芽があります。これらは、来春に芽吹く、次の世代を生きる芽たちです。秋の日差しには多くの紫外線が含まれていますから、これらの芽は守られねばなりません。黄葉や紅葉の葉っぱの色素は、日差しが弱くなる冬までの一時期、紫外線を吸収して、小さく若い芽が傷つけられることから守っているのです。

「なぜ、多くの樹木の中で、イチョウとモミジだけがきれいに色づくのか」という疑問もあるでしょう。色づくのは、イチョウとモミジだけではありませんが、これらはその代表です。この疑問に対して、科学的ではありませんが、私は黄葉したり紅葉したりする葉っぱの気持ちを想像することができます。

花は咲いたとき、「きれい」とか「かわいい」とか「美しい」などともてはやされ、「香りがいい」ともほめられます。ツボミはできるだけでも、「ツボミができた」と感激されることがあります。そのあとは、花が咲く日が待ちわびられます。「ツボミが何個できた」とか「花が何個咲いた」と数えられることもあります。

花が咲き終わったあとには、実がなるのが期待され、実は小さなときから大きくなるのが待ち望まれます。実は大きくなって成熟すると喜ばれ、「おいしい」とか「甘い」とか「りっぱ」などと騒がれます。「何個、実った」と数えられることも多くあります。

このようにもてはやされる花や実に比べて、葉っぱが「きれい」とか「美しい」などといわれるのは、新緑の季節などを除けば、きわめて稀です。どんなに大きく成長しても、「りっぱ」とか「大きい」などと感心されることはほとんどありません。まして、「葉っぱが、何枚できた」と数えられることはありません。

きれいな美しい花が咲き、おいしい実がなるのは、葉っぱのはたらきがあるからこそです。それなのに、花や実のそばに茂る葉っぱは、花が咲き実がなるのを待ちわびる人たちに、ほとんど見向かれません。「きれいな花が咲き、おいしい実ができるのは、葉っぱのはたらきのおかげだ」と、葉っぱに感謝する人はほとんどありません。

しかし、葉っぱは自分がちやほやされないことに不平や不満を抱いていないでしょう。「花を咲かせ実をならせるのが自分の仕事であり、自分が育てた花や実がちやほやされれば、それでいいですよ」と、満足しているはずです。葉っぱは、花や実に、次の世代に命をつなぐ仕事を託しているからです。

多くの葉っぱは、はたらきを終えると、その存在に目を向けられることもなく、そのまま枯れてしまいます。そこで、イチョウやモミジの葉っぱが、多くの樹木の代表として、生涯の終わりに、その存在の大切さを知らせるのです。「きれいでしょう」、「美しいでしょう」と誇らしげに、黄金色になったり、真っ赤になったりするのです。黄葉や紅葉は、葉っぱたちの自己主張のあらわれなのかもしれません。

自ら舞い落ちる――あっぱれな引き際の潔さ！

葉っぱは、春から秋まで、はたらき続けます。そして、冬の寒さの訪れが近づくと、「冬の寒さの中で、自分はまもなく役に立たなくなる」と感じ、引き際を悟ります。葉っぱの最後の仕事は、枯れ落ちるための支度です。

枯れた葉っぱは、風に吹かれて、舞い落ちるように見えます。しかし、葉っぱは、枯れてしまったあとに、風で舞い落とされるのではありません。葉っぱは自分で準備をして、舞い落ちるのです。「葉っぱは、ほんとうに、自分で枯れ落ちるのか」と、疑問に思われるかもしれません。しかし、私がそのように思う根拠はあります。

葉っぱが、枯れ落ちる前に、緑色のときにもっていたデンプンやタンパク質などの栄養物を樹木の本体に送ることです。もっていた栄養物を樹木の本体に戻すのですから、落ち葉には、栄養物がほとんど含まれておらず、繊維質ばかりが目立ち、落ち葉はカサカサです。「もう枯れ落ちるのだから、栄養はいらない」と思い、栄養物を役に立てられるように、樹木に戻すのです。

樹木の本体に戻された栄養物は、樹木が生きていくために大切なものです。だから、すぐに使われる場合もあるし、冬の間、タネや実の形で貯蔵される場合もあります。春に芽吹く芽や地中の根に蓄えられるものもあります。

離層の形成

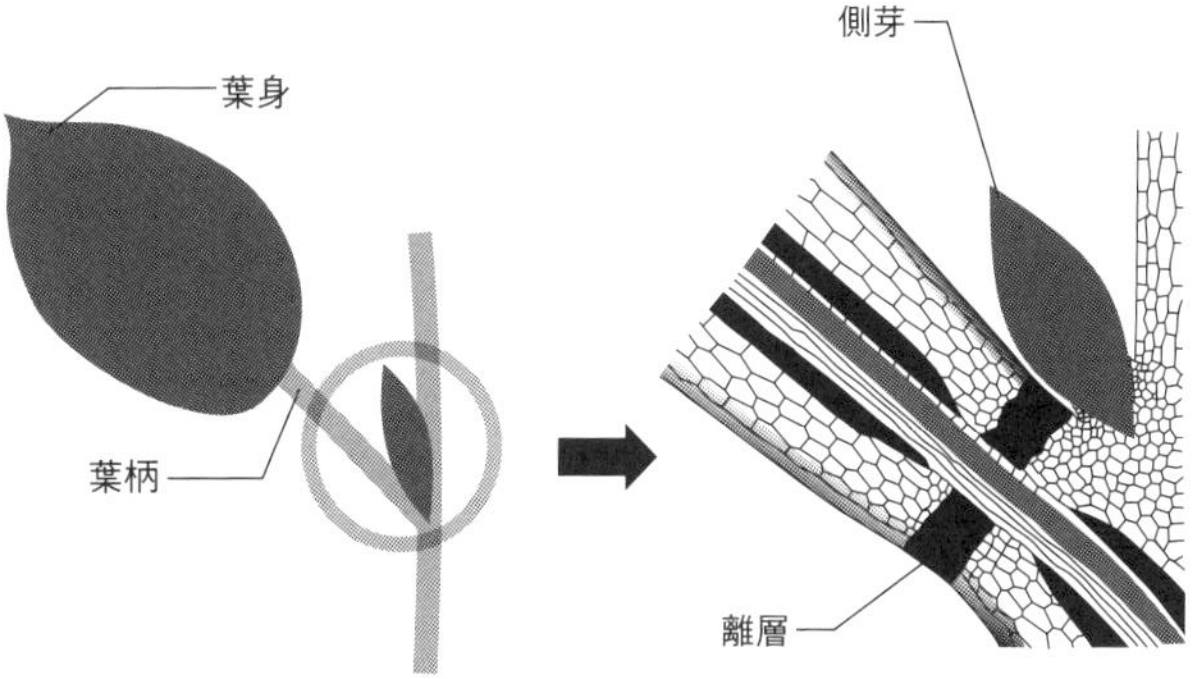

葉柄の基部に離層がつくられ、その部分で、葉は切り離されます。

「葉っぱが、栄養物を本体に戻すことだけで、引き際を悟って自分で枯れ落ちる」と、私は考えるわけではありません。枯れ落ちる部分の形成は、葉っぱからの指令で行われるのです。葉っぱは、二つの部分から成り立ちます。「葉《よう》身《しん》」と、「葉柄《ようへい》」です。「葉身」は、枝についている葉っぱの緑色の平たく広がった部分です。「葉柄」は、葉身を枝や幹につないでいる柄です。

葉っぱは落葉に先だって、葉柄のつけ根の付近に「自ら切り離れるための場所」を形成します。この場所を「離層《りそう》」といいます。この部分で、葉っぱは枝から離れ落ちます。離層は、わざわざつくられるのですから、同じ種類の植物の落ち葉を並べて葉柄の先端を見ると、まったく同じ形をしています。落ちたばかりの葉っぱなら、その部分だけはまだ新鮮な色をしています。けっして枯れて落ちるのではないのです。

「枝や幹が、役に立たなくなった葉っぱを切り捨てるために、離層をつくる」という印象があるかもしれませんが、そうではありません。離層は、枝や幹からではなく、葉っぱからのはたらきかけで形成されます。そのことを示唆する実験があります。

枝についている緑の葉っぱの葉身を葉柄との接点で切り取り、葉柄だけを残します。すると、葉身を切り取らない場合と比べてずっと早くに、葉柄はつけ根から落ちます。離層が早くにつくられるからです。

葉身を切り取っても、葉柄の切り口からオーキシンという物質を送り続けると、葉柄は落ちません。オーキシンは、葉身でつくられ、離層の形成を抑える物質です。これらの現象から、「はたらいている葉っぱでは、葉身がオーキシンをつくって、葉柄に送り続けており、送られてくるオーキシンが、離層の形成を抑えている」と考えられます。

葉っぱは送り続けていたオーキシンという物質を送ることをやめ、自分で離層の形成を促して枯れ落ちます。その姿を、「引き際がきれいで、潔い」と思う人がいるでしょう。でも、春からはたらき続けてきた生涯の最期に自分で枯れ落ちていく姿や運命に、一抹の哀れやさびしさを感じる人も多いでしょう。

秋に葉っぱが枯れ落ちるのを見るだけで、さびしい心持ちになり、命のはかなさを感じます。

それに加えて、「自分で枯れ落ちる」という哀れは、秋の物悲しさを助長します。しかし、それが引き際を知った葉っぱの最期の姿なのです。葉っぱの意思として受け入れなければなりません。

枯れ落ちる葉っぱは、来春に、新しい葉っぱが元気に生まれることを願っているはずです。生まれた葉っぱたちが、春の日差しを受けて、新緑に輝く季節の訪れを楽しみにしているはずです。その若い葉っぱたちの成長を願って、枯れ落ちた葉っぱは、「腐葉土」となります。

腐葉土とは、文字通り、落ち葉や枯葉がつもって腐ってできる土です。これは、どんな植物にとっても栄養になります。晩年の葉っぱは、自分の仲間の繁栄ばかりでなく、植物全体の繁栄を願って土に還っていくのです。

〝あっぱれ〟な最期と言わざるを得ません。

発展する組織とは？

世界でもっとも背の高い植物は、アメリカのレッドウッド国立・州立公園（カリフォルニア州）にあるコーストレッドウッドという樹木で、約一一五メートルです。背が高くなるセコイアの仲間ですが、これは三十数階建てのビルに相当する高さです。

日本一背の高い樹木は、「愛知県の鳳来寺山《ほうらいじさん》にある傘杉で、樹高約六〇メートル」といわれたり、「秋田県の『きみまち杉』という天然杉で、樹高五八メートル」といわれたりしています。以前は、福島県二本松市の「杉沢の大杉」といわれていました。東京都西多摩郡の奥多摩町森林館の「巨樹・巨木林データベース」には、富山県東礪波郡上平村のスギや、奈良県吉野郡川上村のモミの樹高が、八〇メートルと記載されています。

しかし、「どこにある、どの木が、何メートルの高さで、日本一だ」とは、断定的にいわれません。これだけの高さになると、実測するのがむずかしいためか、先端が折れたりするためか、正確に測定されないことが原因かもしれません。

「高くそびえる」という花言葉の木があります。モミの木です。これはマツ科の常緑樹で、クリスマスツリーなどに使われます。花言葉の通り、背丈はよく伸び、三〇〜五〇メートルぐらいの高さになります。

木がこのようにぐんぐん背が高くなる様子を知るおもしろい問題があります。考えてください。「元気に成長している背の高さが約三メートルの木があり、地面から一メートルの高さのところに枝があります。この木が成長して、何年後かに、背丈が六メートルになったとき、一メートルの高さのところにあった枝の位置は何メートル高くなるでしょうか」というものです。

背丈が三メートル高くなったのですから、「三メートル高くなるだろう」あるいは、「伸びた背丈の半分の一・五メートルほど高くなる」と思われるかもしれません。しかし、正解は、

「枝の位置は、もとのまま」です。

「木の背丈が高くなるにつれて、枝の位置は上に上がる」という印象があります。しかし、木の背丈が高くなる成長は、木や枝の先端の部分だけでおこります。だから、背丈の高さが三メートルの木で、地面から一メートルぐらいの高さにある枝は、木の背丈が六メートルになっても、上に上がりません。

世界一太い木は、メキシコにあるヌマスギで、「トゥーレの木」とよばれています。幹回りは、約五八メートルです。樹齢二〇〇〇年以上です。三〇人が手をつないでも幹を取り囲めない木があるという話を聞いたことがありますが、この木はそれに当たるでしょう。日本一太い木は、鹿児島県姶良《あいら》市《し》蒲生町《かもうちょう》にあるクスノキ「蒲生の大楠」で、樹齢一五〇〇年、幹回り約二四メートルです。

幹が太くなる様子を知る実験があります。樹木がかわいそうなので、こんな実験は真似してほしくないのですが、実験の結果をいっしょに考えてください。背の高さが約三メートルの元気に成長している木の幹に、先端が木の中心に届くくらいの長さの釘を打ちつけます。打ちつける高さは、地面から一メートルぐらいのところです。さて、木が伸びるにつれて、数年後に、その釘はどうなると思われますか。

まず一つ考えられる答えは、「木の背丈が高くなるにつれて、釘も上に上がる」というものです。でも、先の問題で考えたように、木の背丈が高くなる成長は、木の先端の部分だけでおこります。だから、私たちが子どものころに、低いところにあった枝は、私たちが大人になってから見にいっても、やっぱり、低いところにあります。ということは、「釘は、上に上がっていかない」ということです。

でも、そのままではありません。幹は太ります。幹を太くする成長は、幹の中心部ではなく外側だけでおこります。だから、木が太くなるにつれて、釘はだんだん外に押し出されて、「抜け落ちる」と思われるかもしれません。でも、そうではありません。

釘は、抜け落ちもしません。釘の先端は、幹の中心に届いています。幹の中心は年齢を重ねた部分ですから、もう成長しません。だから、そこに打ち込まれた釘は突き刺さったままで抜けません。結局、幹が太るにつれて、釘は木が太く成長する外側の部分に埋まってしまい、その高さで、木の中に飲み込まれるように姿を消してしまいます。

成長を続ける樹木では、そのように、背丈を伸ばす先端部の若い部分と、太っていく幹の外側の若い成長する部分があります。そして、それらを支えるように、中心部に年齢を重ねた部分があるのです。この部分がそれらの若い成長する部分を支えているからこそ、樹木は、何百年、何千年と、成長を続けながら生きられるのです。

年齢を重ねた部分が、若い部分の成長をしっかりと支え、見守りながら、いっしょに生きていくという〝あっぱれ〟な生き方です。この生き方は、私たち人間の社会や組織が発展を続けていくために見習わねばならないでしょう。

おわりに

植物たちは、素材として、私たちの衣食住を支えてくれています。でも、「ただ衣食住を支えている」というだけの味気ないものではありません。それ以上に、自然の恵みをもたらしてくれ、私たちの衣食住を豊かにうるおしてくれます。

植物たちがうるおしてくれるのは、物質面だけではありません。植物たちは、いつでも、どこにでもいます。それでも、見飽きるということはありません。人の心を傷つけるようなことは何もいわないし、嫌なこともしません。その上、ときとして、驚くような喜びや感動を与えてくれます。

だからこそ、古来、植物たちは、詩歌に詠まれ、童謡に口ずさまれ、絵に描かれて、私たちとともに暮らしてきました。私たちの生活や文化は、「植物たちの存在によって支えられてきた」といっても過言ではありません。

しかし、近年、自然の中の植物たちの生き方に関心がもたれず、恩恵が忘れられ、その尊さがなおざりにされた結果、植物たちを中心とする自然が病みはじめています。特に、植物の多様性の喪失が問題になっています。

賢明な私たち人間は、植物たちの存在の重要性に気づいており、植物たちと共存・共生していくことの大切さを理解しています。そのため、「二一世紀は、私たち人間と植物たちとの共存・共生の時代」といわれます。

植物の多様性の喪失に対して、危機感を抱き、多様性を保全するために、「植物の多様性を守れ!」と声高に唱えられています。しかし、私は、「唱えるだけでなく、植物たちが自分のからだを健全に守り、次の世代へ命をつないでいくしくみや工夫に目を向けてほしい」と思います。私たちは、植物たちとの共存・共生を望みながら、植物たちの日々の努力や生き方をどれほど知っているでしょうか。残念ながら、植物たちの生き方には、興味がそんなにもたれていません。

植物たちは何も語りません。けれども、「二一世紀は、私たち人間と植物たちとの共存・共生の時代」というのなら、「もう少し、私たちの生き方に興味をもってほしい」というのが、植物たちの正直な気持ちではないでしょうか。

私は、本書が、そんな植物たちの思いに少しでも応えて、植物たちの生き方を知ってもらうのに役立つことを願っています。

結びに、原稿をお読みくださり、貴重な御意見をくださった独立行政法人農業・食品産業技

術総合研究機構　畜産草地研究所　高橋亘博士、および、学校法人甲南学園　甲南高等学校・中学校の平田礼生教諭に心からの謝意を表します。

参考文献

- A.C.Leopold & P.E.Kriedemann, *Plant Growth and Development*,2nd ed.,McGraw-Hill Book Company,1975
- A.W.Galston, *Life processes of plants*, Scientific American Library,1994
- P.F.Wareing & I.D.J.Phillips（古谷雅樹監訳）『植物の成長と分化』上・下　学会出版センター　一九八三
- R.J.Downs & H.Hellmers（小西通夫訳）『環境と植物の生長制御』学会出版センター一九七八
- デービッド・アッテンボロー　（門田裕一監訳　手塚勲・小堀民惠訳）『植物の私生活』　山と溪谷社　一九九八
- G・A・ストラフォード（柴田萬年訳）『植物生理要論』共立出版株式会社　一九七五
- 柴岡弘郎編集『生長と分化』朝倉書店　一九九〇
- 滝本敦『ひかりと植物』大日本図書　一九七三
- 滝本敦『花ごよみ花時計』中央公論社　一九七九
- 田口亮平『植物生理学大要』養賢堂　一九六四
- 田中修『緑のつぶやき』青山社　一九九八
- 田中修『つぼみたちの生涯』中公新書　二〇〇〇
- 田中修『ふしぎの植物学』中公新書　二〇〇三
- 田中修『クイズ植物入門』講談社　ブルーバックス　二〇〇五
- 田中修『入門たのしい植物学』講談社　ブルーバックス　二〇〇七
- 田中修『雑草のはなし』中公新書　二〇〇七
- 田中修『葉っぱのふしぎ』ソフトバンククリエイティブ　サイエンス・アイ新書　二〇〇八

・田中修『都会の花と木』中公新書　二〇〇九
・田中修『花のふしぎ100』ソフトバンククリエイティブ　サイエンス・アイ新書　二〇〇九
・田中修『タネのふしぎ』ソフトバンククリエイティブ　サイエンス・アイ新書　二〇一二
・田中修『植物はすごい』中公新書　二〇一二
・田中修監修　ABCラジオ「おはようパーソナリティ道上洋三です」編『おどろき?と発見!の花と緑のふしぎ』神戸新聞総合出版センター　二〇〇八
・ビートたけし・橋本周司・田中修・上田恵介・村松照男・海部宣男・中込弥男・船山信次・冨田幸光・吉村仁・有田正光『恐竜は虹色だったか?』新潮社　二〇〇八
・古谷雅樹『植物的生命像』講談社　ブルーバックス　一九九〇
・古谷雅樹『植物は何を見ているか』岩波ジュニア新書　二〇〇二
・増田芳雄『植物生理学』培風館　一九八八
・増田芳雄・菊山宗弘編著『植物生理学』放送大学教育振興会　一九九六
・宮地重遠編集『光合成』朝倉書店　一九九二

著者略歴

田中《たなか》　修《おさむ》

一九四七年京都府生まれ。
京都大学農学部卒業、同大学大学院博士課程修了。
スミソニアン研究所博士研究員などを経て、
現在、甲南大学理工学部教授。
主な著書に『植物はすごい』『都会の花と木』『雑草のはなし』
『ふしぎの植物学』『つぼみたちの生涯』（すべて中公新書）、
『入門　たのしい植物学』『クイズ植物入門』（ともにブルーバックス）、
『花のふしぎ100』『葉っぱのふしぎ』（ともにサイエンス・アイ新書）
ほか。

幻冬舎新書 306

植物のあっぱれな生き方

生を全うする驚異のしくみ

二〇一三年五月三十日　第一刷発行

著者　田中修

発行人　見城徹
編集人　志儀保博
発行所　株式会社　幻冬舎
〒一五一-〇〇五一 東京都渋谷区千駄ヶ谷四-九-七
電話 〇三-五四一一-六二一一（編集）
〇三-五四一一-六二二二（営業）
振替 〇〇一二〇-八-七六七六四三
ブックデザイン 鈴木成一デザイン室
印刷・製本所 中央精版印刷株式会社

Printed in Japan ISBN978-4-344-98307-6 C0295
た-14-1
幻冬舎ホームページアドレス http://www.gentosha.co.jp/
＊この本に関するご意見・ご感想をメールでお寄せいただく場合は、comment@gentosha.co.jp まで。